乡村人才振兴培训系列教材

乡村振兴之创业带头人

李 冉 李玉辉 郝俊丽 主编

U0272054

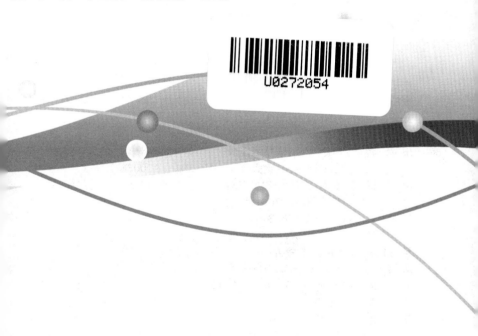

中国农业科学技术出版社

图书在版编目（CIP）数据

乡村振兴之创业带头人 / 李冉，李玉辉，郝俊丽主编 . —北京：中国农业科学技术出版社，2021.6

ISBN 978-7-5116-5362-8

Ⅰ.①乡… Ⅱ.①李…②李…③郝… Ⅲ.①农村—社会主义建设—中国 Ⅳ.①F320.3

中国版本图书馆 CIP 数据核字（2021）第 105180 号

责任编辑　王惟萍
责任校对　李向荣
责任印制　姜义伟　王思文

出 版 者　中国农业科学技术出版社
　　　　　北京市中关村南大街 12 号　邮编：100081
电　　话　（010）82106643（编辑室）　（010）82109702（发行部）
　　　　　（010）82109709（读者服务部）
传　　真　（010）82106631
网　　址　http：//www. castp. cn
经 销 者　各地新华书店
印 刷 者　北京地大彩印有限公司
开　　本　140 mm×203 mm　1/32
印　　张　6. 875
字　　数　190 千字
版　　次　2021 年 6 月第 1 版　2021 年 6 月第 1 次印刷
定　　价　32. 00 元

序

翻阅《乡村振兴之创业带头人》一书，感受最深的是编者用较深的学术造诣、朴实的为农情怀、厚重的使命感编写了这部既有理论又有实践、既有实务又有案例的著作，是乡村振兴创业带头人创业创新的一本实操宝典。

民族要复兴，乡村必振兴。人才振兴是乡村振兴的关键环节。乡村振兴创业带头人，作为引领乡村产业发展的重要力量，既要有文化懂技术，又要会经营善管理，也要敢创新能担当，还要有道德懂法律，只有具备这些素质，才能在创业路上行稳致远。

广大返乡入乡创业的人才，都迫切希望深入了解乡村振兴的知识，掌握农业农村相关的政策与法律法规，寻找乡村创新创业的方法和路径，学习乡村创业的成功案例，希望有一本既适合阅读又非常实用，既能真正启发灵感，又能在遇到困难的时候随手翻来可用的好书，这就是编者编写此书的初衷。本书知识点涵盖了乡村振兴和创业带头人的概念内涵、有关农业农村的优惠政策与法律法规、全国乡村振兴创业带头人成功的典型案例。

当前，国家对创新创业带头人的需求与日俱增，对人才的培育工作也更加重视，对创新创业高素质乡村振兴人才的培养也提出了新的更高的要求。为此，编者兼顾了对创新创业人才培育的需要，在内容上，注重实用性和可操作性，深入浅出，理论紧密联系实际；在写法上，注重简明性和通俗性，全书力求以通俗的语言，简明扼要地反映乡村振兴创业管理理论和实践的最新发展。

在全面建成小康社会向基本实现社会主义现代化迈进的新发展阶段，党中央坚持把解决好"三农"问题作为全党工作重中之重，把全面推进乡村振兴作为实现中华民族伟大复兴的一项重大任务，举全党全社会之力加快农业农村现代化，让广大农民过上更加美好的生活。这本书的出现恰逢其时，能为这部著作作序，我感到十分荣幸。希望此书能有助于培养适合中国特色社会主义发展需要的、素质全面的乡村振兴创新创业人才，能为乡村振兴创业带头人、返乡创业人员、农村实用人才以及相关工作者提供些许帮助和启发。

2021 年 5 月

前　言

创新创业是乡村产业振兴的重要动能，人才是创新创业的核心要素。近年来，农村创新创业环境不断改善，涌现了一批农村创新创业带头人，成为引领乡村产业发展的重要力量。农村创新创业带头人饱含乡土情怀、具有超前眼光、充满创业激情、富有奉献精神，是带动农村经济发展和农民就业增收的乡村企业家。但乡村振兴创新带头人队伍仍存在总量不大、层次不高、带动力不强等问题。

为帮助各类人才返乡入乡创业，掌握必备的创业知识，故组织全国各地具有丰富经验的教师编写了《乡村振兴之创业带头人》一书。

本书分为上、中、下篇。上篇为概述，包括乡村振兴战略、乡村振兴与创业带头人；中篇为创业带头人素养培训，包括农业农村政策与法律法规、产业化经营与管理、财务管理、市场营销、品牌建设、现代农业绿色生产技术；下篇为乡村振兴创业带头人风采，精选了全国农村创新创业带头人中的典型案例，为返乡入乡创业人才提供借鉴。

由于编写时间仓促，再加上编者水平有限，书中难免存在不足之处，敬请广大读者批评指正。

编　者
2021 年 2 月

目 录

上篇 概 述

中篇 创业带头人素养培训

下篇 乡村振兴创业带头人风采

上篇 概　述

第一章　乡村振兴战略

第一节　乡村振兴战略的背景与意义

一、乡村振兴战略的提出

乡村振兴战略是习近平同志 2017 年 10 月 18 日在党的十九大报告中提出的战略。党的十九大报告指出，农业农村农民问题是关系国计民生的根本性问题，必须始终把解决好"三农"问题作为全党工作的重中之重，实施乡村振兴战略。2018 年中央一号文件，即《中共中央　国务院关于实施乡村振兴战略的意见》。2018 年 3 月 5 日，国务院总理李克强在《政府工作报告》中讲到，要大力实施乡村振兴战略。2018 年 5 月 31 日，中共中央政治局召开会议，审议《乡村振兴战略规划（2018—2022 年）》。2018 年 9 月，中共中央、国务院印发了《乡村振兴战略规划（2018—2022 年）》，并发出通知，要求各地区各部门结合实际认真贯彻落实。

二、乡村振兴战略的背景

以习近平同志为核心的党中央提出"实施乡村振兴战略"这一部署，有其深刻的历史背景和现实依据。

1. 现实背景

自改革开放以来，"三农"一直是党和国家的重点工作对象。自 2004 年起，每年中央一号文件都阐述了"三农"问题。在党的十八大召开以后，以习近平同志为核心的党中央，在很多重要场合与会议中提及农业部门，足以见得现阶段我国对于农村农业的重视。习近平总书记更是把农民的利益当作最重要的事情，一直关心"三农"问题，并且心系农村农业事业的发展。

在国家的不断努力下，我国农业部门也取得了很好的成绩。首先，改变以往的农业生产方式，引进先进的农业技术，提高农产品质量的同时增加农产品的产量，并且培育出具有代表性的农产品，在整个世界上都享有名气。其次，改变以往单一的农产品结构，在农作物生产上，仍然以农作物为主，以多样化的经济作物为辅，这一改变，也帮助农民提高自身收益。最后，在新农村的建设方面取得了很大的成就，更加注重精神文明建设，创建美丽乡村。

但是同时也要看到，受经济与观念 2 个方面的影响，我国"三农"工作还存在着很多亟待解决的问题：首先，农业生产方式不超前，部分土地还没有得到正确地利用，农业与自然资源之间还存在矛盾，农产品的营销方式落后，农产品的运营机制也较为单一；其次，各个区域农村收入不平均，存在较大差异，农村老人与儿童较多，缺少青年力量；最后，农村陈旧观念仍然存在，阻碍了新农村建设的发展。

中央在这个时候提出实施乡村振兴战略，实际上是在提醒我们：在现代化的进程中不能忽视农业、忘记农民、不能淡漠农村，必须下大力气提高"三农"发展水平。

2. 理论背景

不管在哪个历史时期，党和国家从来都十分重视农业、农村、农民发展。我国的"三农"思想，也是经历了各届领导集体的不断丰富和完善，才慢慢形成和发展起来的。毛泽东同志在中华人民共和国成立以后，深入地研究了"三农"。他在《论十大关系》中，强调了农业的重要性，并且指导农民走上农业合作化道路。邓小平同志也对农业进行研究，提出家庭联产承包责任制，而且他坚持一切都以实际为主，按照我国国情，走中国特色农业现代化道路。江泽民同志也把农业看得非常重要，提出要统筹城乡发展，为新农村建设提供制度保障，始终维护农民群众的利益。胡锦涛同志坚持用科学发展观来指引"三农"的发展方向，并且提出了"两个趋向"的重要论断。这些都为我们党和政府在新形势下发展"三农"事业奠定了重要的理论基础。

三、乡村振兴战略的意义

党的十九大报告提出实施乡村振兴战略，具有重大的历史性、理论性和实践性意义。从历史角度看，它是在新的起点上总结过去，谋划未来，深入推进城乡发展一体化，提出了乡村发展的新要求新蓝图。从理论角度看，它是深化改革开放，实施市场经济体制，系统解决市场失灵问题的重要抓手。从实践角度看，它是呼应老百姓新期待，以人民为中心，把农业产业搞好，把农村建设好，把农民发展服务好，扎实解决农业现代化发展、社会主义新农村建设和农民发展进步遇到的现实问题。

1. 实施乡村振兴战略是解决发展不平衡不充分矛盾的迫切要求

中国特色社会主义进入新时代，这是党的十九大报告做出的一个重大判断，它明确了我国发展新的历史方位。新时代，伴随社会主要矛盾的转化，对经济社会发展提出更高要求。新时代我国社会主要矛盾已经转化为人民日益增长的美好生活需要和不平衡不充分的发展之间的矛盾。改革开放以来，随着工业化的快速发展和城市化的深入推进，我国城乡出现分化，农村发展也出现分化，目前最大的不平衡是城乡之间发展的不平衡和农村内部发展的不平衡，最大的不充分是"三农"发展的不充分，包括农业现代化发展的不充分，社会主义新农村建设的不充分，农民群体提高教科文卫发展水平和共享现代社会发展成果的不充分等。从决胜全面建成小康社会，到基本实现社会主义现代化，再到建成社会主义现代化强国，解决这一新的社会主要矛盾需要实施乡村振兴战略。

2. 实施乡村振兴战略是解决市场经济体系运行矛盾的重要抓手

改革开放以来，我国始终坚持市场经济改革方向，市场在资源配置中发挥越来越重要的作用，提高了社会稀缺配置效率，促进了生产力发展水平，社会劳动分工越来越深、越来越细。随着市场经济深入发展，需要考虑市场体制运行所内含的一系列问题，需要不断扩大稀缺资源配置的空间和范围。解决问题的途径是实行国际国内两手抓，既要把推动形成对外开放新格局作为重要抓手，也要把对内实施乡村振兴战略作为重要抓手，形成各有侧重和相互补充的长期经济稳定发展战略格局。由于国际形势复杂多变，相比之下，实施乡村振兴战略更加安全可控。

3. 实施乡村振兴战略是实现农业现代化的必然选择

经过多年的持续不断的努力，我国农业农村发展取得重大成就，现代农业建设取得重大进展，粮食和主要农产品供求关系发生重大变化，大规模的农业剩余劳动力转移进城，农民收入持续增长，脱贫攻坚取得决定性进展，农村改革实现重大突破，农村各项建设全面推进，为实施乡村振兴战略提供了有利条件。与此同时，在实践中，由于历史原因，目前农业现代化发展、社会主义新农村建设和农民的教育科技文化发展存在很多突出问题迫切需要解决。面向未来，随着我国经济不断发展，城乡居民收入不断增长，广大市民和农民都对新时期农村的建设发展存在很多期待。把乡村振兴作为党和国家战略，统一思想，提高认识，明确目标，完善体制，搞好建设，加强领导和服务，不仅呼应了新时期全国城乡居民发展新期待，还将引领农业现代化发展、社会主义新农村建设以及农民教育科技文化进步。

第二节　乡村振兴战略的目标

2018年9月，中共中央、国务院印发了《乡村振兴战略规划（2018—2022年）》，并分别提出了到2020年、2022年的发展目标和到2035年、2050年的远景谋划。

一、乡村振兴战略的近期目标

到2022年，乡村振兴的制度框架和政策体系初步健全。国家粮食安全保障水平进一步提高，现代农业体系初步构建，农业绿色发展全面推进；农村一二三产业融合发展格局初步形成，乡村产业加快发展，农民收入水平进一步提高，脱贫攻坚成果得到进一步巩固；农村基础设施条件持续改善，城乡统一的社会保障制度体系基本建立；农村人居环境显著改善，生态宜居的美丽乡村建设扎实推进；城乡融合发展体制机制初步建立，农村基本公共服务水平进一步提升；乡村优秀传统文化得以传承和发展，农民精神文化生活需求基本得到满足；以党组织为核心的农村基层组织建设明显加强，乡村治理能力进一步提升，现代乡村治理体系初步构建。探索形成一批各具特色的乡村振兴模式和经验，乡村振兴取得阶段性成果。

二、乡村振兴战略的远景谋划

到 2035 年，乡村振兴取得决定性进展，农业农村现代化基本实现。农业结构得到根本性改善，农民就业质量显著提高，相对贫困进一步缓解，共同富裕迈出坚实步伐；城乡基本公共服务均等化基本实现，城乡融合发展体制机制更加完善；乡风文明达到新高度，乡村治理体系更加完善；农村生态环境根本好转，生态宜居的美丽乡村基本实现。

到 2050 年，乡村全面振兴，农业强、农村美、农民富全面实现。

第三节　乡村人才振兴的重要性

当前乡村建设过程中，在一定程度上说，懂农业、懂农村的基层干部和农民都比较缺乏。为顺利实施乡村振兴战略，抓好人才振兴显得尤为重要。

一、人才振兴是农业发展现代化的基础

乡村振兴意味着农业的现代化和高度的商品化，实现小农户与现代农业发展有效衔接以及提高新型农业经营主体的市场竞争力是重要途径，这就需要农业发展以消费者为导向进行供给侧结构性改革，提升农业从业者的生产技术应用、生产组织管理以及商品加工营销等方面的能力。而目前我国家庭农场等新型农业经营主体数量，特别是经过认定的示范性家庭农场数量较少，从事农业托管等农业社会化服务组织经营的稳定性不强，小农户数量庞大但对接市场能力较弱。因而，需要厚植人才基础，加大乡村人才振兴力度，完善农业经营体系，稳固农业基本功能。

二、人才振兴是实现产业兴旺的必要举措

目前，我国仍有大量农村剩余劳动力，并呈现出年龄老化和女性化的人口结构特征，向外部转移存在困难。乡村振兴的重点是产业兴旺，这将成为农村产业结构调整的契机，特别是基于乡村固有资源和乡村价值的一二三产业融合所形成的，以乡村旅游、文化体验、休闲养老等服务业以及农业产业升级发展起来的一些经济作物的生产加工业，都具有劳动密集型产业特征。产业兴旺需要劳动力，农村剩余劳动力就地就近转移需要产业承载，实现两者的有机结合需要提升农村剩余劳动力的生产技术、劳动技能以及服务意识，这是破解农民就业问题的必要举措。

第四节　乡村振兴战略下的乡村创业

一、乡村振兴战略下的创业机遇

自乡村振兴战略提出以来，党中央、国务院采取了一系列有力举措，扎实推进乡村振兴战略的实施。这既对乡村创业提出了更高要求，也提供了难得的发展机遇。

1. 坚持农业农村优先发展，扶持政策会更多更有力

目前，推动乡村振兴的政策体系正在加快构建，我们正在按中央要求加快制定出台土地出让收益更多用于农业农村、金融服务乡村振兴等政策文件，配套的各项支持举措也在陆续出台，农业农村"放管服"改革正在深入推进。这都将为乡村创业营造了更好的制度环境。

2. 乡村建设提速扩面，基础条件会不断改善

水电路气房信等基础设施建设和科教文卫体等社会事业重点

向农业农村倾斜，一大批农村项目开工建设，农村软硬件环境都将有极大改善。特别是近年来以全程冷链为代表的现代物流向农村延伸，新型通信技术快速向农村覆盖，必将极大推动新技术新模式运用，为乡村创业注入强大"助燃剂"。

3. 城乡发展加速融合，各种资源要素会向乡村聚集

实施乡村振兴战略，核心是重塑工农城乡关系。推动城乡要素平等交换、公共资源均衡配置，建立健全向农村倾斜的城乡融合发展体制机制，必将带动更多技术、信息、人才、资金、管理等资源要素向乡村流动。同时，全国家庭农场、农民合作社、农业企业等已超过300万家，农村经纪人、田专家、土秀才大量涌现，为乡村创业提供了人才支撑。

4. 消费结构不断升级，市场空间越来越大

据国家统计局数据显示，2019年我国城乡居民的恩格尔系数降至28.2%，进入联合国粮农组织设定的20%~30%"富足"标准，这必将带来消费结构快速升级，对优质绿色农产品和生态宜居农村环境的需求会大幅增加。随着城镇化快速推进，农村日益成为稀缺资源，越来越多的城里人向往乡村，望山看水忆乡愁成为时尚，农村居民的消费能力也将越来越强。这都为乡村创业提供了无限商机。

二、乡村振兴战略下的创业模式

1. "特色产业拉动型"典型模式

该模式围绕特色产业，强化产业链创业创新，沿着产业链上中下游，面向产前、产中、产后环节的生产与服务需求，开展创业创新活动，形成大中小微企业并立，各类经营主体集聚，产业集群持续壮大的创业生态系统。

案例：四川省金堂县依托食用菌、黑山羊、油橄榄、柑橘等

优新特产业，建成农村双创园区 105 个、产业基地 1 453 个，创业人数达 3.1 万人，带动就业 22 万人。创业者依托特色产业创造的机会开展双创，开办各类特产企业和配套企业。

2. "返乡下乡能人带动型"典型模式

该模式主要是返乡农民工、中高校毕业生及科技人员等返乡下乡人员通过创办、领办企业和合作社等农村新型经营主体，引领带动周边农村双创。这些创业者有头脑、懂技术、能经营、善管理，一个人创业，引领带动周边人员乃至整村或整乡共同发展。

案例：山西省阳城县皇城村党支部书记、皇城相府集团董事长陈晓拴，带领村民挖掘历史文化，修缮皇城相府，建成国家 AAAA 级景区；发展休闲观光农业和乡村旅游业，打造"旅游景点+宾馆酒店+文化演艺+农家乐"发展模式，形成了游、购、娱、吃、住、行"一条龙"产业链条，带动农村双创。

3. "龙头骨干企业带动型"典型模式

该模式依托龙头骨干企业优势，带动当地农村双创为企业配套服务，引领当地经济发展。

案例：河南新郑好想你枣业股份有限公司将红枣种植加工、冷藏保鲜、科技研发、贸易出口、观光旅游融为一体，不断扩大产品的市场占有率和品牌知名度，目前已成为红枣行业规模最大、技术最先进、产品种类最多、销售网络覆盖最全、辐射带动最广、市场占有率最高的龙头企业，带动红枣产业成为农村双创的主导产业。

4. "双创园区（基地）集群型"典型模式

该模式以双创园区（基地）和农业企业为主的平台载体，聚集要素、共享资源、产业关联，为农村双创提供见习、实习、实训、咨询、孵化等多种服务的模式，推动产业集群的形成。

案例：福建晋江市建设海峡创业园，构建"三创园（创业、创新、创意）"、国际工业设计园、智能装备产业园、新区创新中心、高校科教园等五大科技创新载体，聚集双创要素，为双创提供空间，入驻创业项目和企业超 200 个。

5. "产业融合创新驱动型" 典型模式

该模式主要是围绕产业融合形成的新产业新业态新模式开展双创活动，加速区域之间、产业之间的资源和要素的流动与重组。

案例：福建安溪弘桥智谷电子商务产业基地以电商服务聚集生产企业和创业者，形成了 "电子商务+仓储服务+商品集散" 的运营模式，吸引了茶叶、铁艺、鞋服和休闲食品产业等众多规模企业和一大批创业者入驻园区创业。

第二章 乡村振兴与创业带头人

第一节 创业带头人在乡村振兴中的带头作用

一、带动农业发展

农业是国民经济的基础，是关系国计民生的头等大事。农业稳则天下稳，农民安则天下安。习近平总书记反复强调："重农固本是安民之基、治国之要"。乡村创业带头人承担的一项重要使命就是要成为农业发展的领路人。建设现代农业的过程，就是改造传统农业、转变农业发展方式、提高农业生产效率的过程。这就需要有新本领、新思维、新视野的创业带头人加入，从而推动现代农业的发展。

二、带动农民脱贫致富

随着党中央、国务院关于农村创业创新政策文件的颁布，全国各地各有关部门把农村创业创新作为重大战略任务进行谋划实施，创业环境不断优化，创业型经济正逐步发展成为我国农村区域经济社会发展的重要推进力量。家庭农场、种养大户、农民合作社、农业企业和农产品加工流通企业等农村新型经营主体不断涌现，乡村创业迎来了蓬勃发展的新生机。农民创业不仅使自己的家庭脱贫致富，同时也通过创业示范带动了其他农民脱贫致富。如在广西崇左市天等县上映乡桃永村，被村民誉为"葡萄种植大王"的许绍弟通过自己种植葡萄创业成功经验带领桃永村村民种植葡萄，有超过一半的种植户年收入达 2 万元以上。另外，农民工返乡创办的企业大多属劳动密集型，用工量大、门槛低，吸纳了大批农民就业，成为以工促农、以城带乡的有效载体。如广西百色市田阳县返乡农民工苏俊宇在田阳县农民工创业园创办公司，带动了当地 200 多人就业。

三、带动乡风文明建设

乡村创业带头人应该在乡风文明建设这方面做出表率。2019年的中央一号文件首次出现"天价彩礼"4 个字，要求"对婚丧陋习、天价彩礼、孝道式微、老无所养等不良社会风气进行治理"，引发社会的广泛关注。习近平总书记强调："要弘扬新风正气，推进移风易俗，培育文明乡风、良好家风、淳朴民风，焕发乡村文明新气象。"乡村创业带头人要注重发挥示范引领作用，对农村人情、办酒、彩礼、歌舞表演等，真正做到发乎情、止乎礼、约于法。乡村创业带头人要在农村乡风文明建设、深化移风易俗等方面起到模范带头作用，真正成为农民幸福的贴心人。

第二节　创业带头人的认定

一、什么是创业带头人

"带头人"是指首先起来带领别人前进的人。创业带头人是指通过自主创业自身就业和带动一定数量的失业人员实现就业的人员。

二、创业带头人的认定条件

创业带头人的认定包括下列条件。

（1）男未满 60 周岁、女未满 50 周岁的各类劳动者。

（2）品德高尚，助人为乐，事迹突出，热心公益事业，有较强的社会责任感。

（3）爱党、爱国，拥护党和国家路线、方针、政策，遵纪守法、按章纳税，没有违规违法行为，年内未发生重大安全责任事故。

（4）创业企业应在本地区创业群体中具有一定知名度，为本地区就业工作做出一定贡献。

（5）创业企业要具有独立法人资格，且当年领取《营业执照》，或者是当年由个体工商户转制为私营企业或其他类型企业的；未超过 3 年的原有创业企业若当年吸纳就业人数超过原有职工总数的 30%（至少要超过 3 人），可视为创业企业。

（6）创业企业要与招用的就业人员签订一年以上劳动合同，按时足额发放工资并按规定缴纳社会保险，严格执行劳动保障法律法规。

（7）市级人社部门规定的其他认定条件。

三、创业带头人的认定程序

1. 必备材料

（1）营业执照副本及复印件一份。

（2）企业法定代表人（负责人）身份证、就业创业证（原就业失业登记证）原件及复印件一份。

（3）加盖企业公章的企业职工名册、企业与招用的就业人员签订的劳动合同（副本）、企业工资支付凭证、申请登记前月缴纳社会保险缴费凭证、社会保险部门出具的在职人员明细表原件及复印件一份。

（4）企业经营情况报告书（包括创业项目投资主体、经营现状及发展规划、带动就业情况、上年实现主要经济指标、社会效益、主要制约因素等）。

（5）市级人社部门要求提交的其他材料。

2. 办理流程

（1）申请人向县（区）就业服务局提交认定申请。

（2）县（区）就业服务局对申请人及其企业情况进行登记初审后，将符合条件的创业带头人和创业企业在就业信息网络中进行登记，并将情况上报市级人社部门。

（3）市级人社部门对县（区）上报的创业带头人和创业企业进行走访、核实和认定。

第三节　创业带头人必备素养

一、有文化懂技术

科技文化素质是创业带头人最应该具备的素质。

有文化是指创业带头人必须具备一定的文化知识基础和通过接受教育提高接受新知识和各种信息的能力。农民知识化进程的快慢，在很大程度上决定着现代农业和新农村发展的步伐快慢。农民的整体文化素质决定了农民对新技术、新思想的接受程度，决定了农民对农产品新品种、环保意识、食品安全意识、无公害农产品、标准化知识的接受能力，对农民市场经济知识与技能、经营能力和转岗能力有重大影响。

懂技术是指创业带头人必须具备一定的农业科学技术基础，

接受过技能培训，提高自身吸收和运用新技术的能力。只有掌握现代农业生产管理先进技术，承接新技术新品种新装备，同时，传承"工匠"精神，只有这样的创业带头人，才能真正让农民信服，才能带领农民共同致富，才能真正引领现代农业发展。

二、会经营善管理

创业带头人应拥有先进的经营管理理念，能够从事专业化、标准化、规模化农业生产经营。

会经营善管理是指创业带头人必须具备一定的适应市场经济发展的经营管理基础，通过参与市场提高自身经营管理水平和适应市场经济的能力。创业带头人除了是生产者，还是投资者、经营者、决策者，同时也是市场风险和自然风险的承担者。实践证明，在市场经济日益发展的情况下，如果农民依然"面朝黄土背朝天""土里刨食"，很难走上致富之路。"无农不稳、无工不富、无商不活"已经成为人们的共识，农民只有会经营，不断提高经营现代农业的水平，全方位拓展增收渠道，用工业的理念发展农业，推进农业生产经营向集约化、专业化、机械化发展，向标准化、信息化、产业化发展，才能实现致富的目标。

三、敢创新能担当

创造力是人们利用已有的知识和经验创造出新颖独特、有价值的产品的能力，是人们自我完善、自我实现的基本素质。取得成功的创业者都具有一些共同的特质，他们能在不断变化中创造机会，积极地寻找新的机遇，不放过任何想法，即使是在一些传统的创业活动中，也同样能够找到创新的方向，创造出全新的商业模式从而取得成功。

带动小农户和贫困户发展是创业带头人发挥示范引领作用最

重要的体现，创业带头人应具有较强的自我发展能力，愿意带动小农户和贫困户共同发展，在乡村振兴中积极贡献力量。

四、有道德懂法律

在道德方面，创业带头人应符合社会公德、家庭美德等道德规范要求，能够继承和发扬尊老爱幼、勤劳朴实等优秀农村道德传统；在法律方面，创业带头人应树立起法制观念，自觉地学法、懂法、守法，并能主动地拿起法律武器维护自身合法权益。

中篇　创业带头人
素养培训

第三章　农业农村政策与法律法规

第一节　农村强农惠农富农政策

一、农业支持保护

1. 耕地地力保护补贴政策

耕地地力保护补贴政策资金主要用于支持耕地地力保护，其补贴对象为所有拥有耕地承包权的种地农民，补贴依据可以是两轮承包耕地面积、计税耕地面积、确权耕地面积或粮食种植面积等，具体依据哪一种类型面积或哪几种类型面积，由省级人民政府结合本地实际自定；补贴标准由地方根据补贴资金总量和确定的补贴依据综合测算确定。已作为畜牧养殖场使用的耕地、林地、成片粮田转为设施农业用地、非农业征（占）用耕地等已改变用途的耕地以及长年抛荒地、占补平衡中"补"的面积、质量达不到耕种条件的耕地等不再给予补贴。鼓励农民采取秸秆还田、深松整地、减少化肥农药用量、施用有机肥等措施。这部分补贴资金以现金直补到户。

2. 加强高标准农田建设支持政策

建设高标准农田是巩固提升粮食综合生产能力、保障国家粮食安全的关键举措。2019年以来，国家统筹推进高标准农田建设，加快各地农业基础设施建设，积极落实"藏粮于地、藏粮于技"战略。中央明确，到 2020 年建成 8 亿亩（1 亩 ≈ 667 平方米，15 亩 = 1 公顷）高标准农田，到 2022 年建成 10 亿亩高标准农田。2018 年机构改革后，通过中央财政转移支付和中央预算内投资两个渠道共同支持高标准农田建设。目前项目实施区域为全国范围内符合高标准农田建设项目立项条件的耕地，优先在"两区"和永久基本农田保护区开展高标准农田建设，优先安排干部群众积极性高、地方投入能力强的地区开展高标准农田建设，优先支持贫困地区建设高标准农田，积极支持种粮大户、家庭农场、农民合作社、农业企业等新型经营主体建设高标准农田。项目管理按照《农田建设项目管理办法》（中华人民共和国农业农村部令 2019 年第 4 号）执行，要求统一规划布局、建设标准、组织实施、验收考核、上图入库。主要建设内容包括土地平整、土壤改良、农田水利、机耕道路、农田输配电设备、防护林网等建设。为深入贯彻落实中央决策部署，确保完成农田建设任务，农业农村部印发了《关于统筹做好疫情防控和高标准农田建设工作的通知》，做到疫情防控和农田建设"两手抓""两不误"。加强分类指导，分区域制订复工方案，加快建设进度，弥补工期损失。加快前期工作，积极推进新建项目开工。严格质量控制，做好疫情防控和质量安全管理。

3. 农机购置补贴政策

2004 年起，中央财政安排专项资金，在全国实施农机购置补贴政策。截至 2019 年底，中央财政累计投入 2 227 亿元，扶持 3 566 万农户购置农机具 4 527 万台（套）。其中，党的十八大以来（2012—2019 年），中央财政累计投入 1 697 亿元，扶持 2 202 万农户购置农机具 2 856 万台（套），大幅提升了农业物质技术装备水平，有力推动了我国农业机械化和农机装备产业的快速发展。2016 年，在财政部组织的第三方绩效考核中，农机购置补贴政策获得"政策实现度高"最高等级评价。2018 年 12 月，《国务院关于加快推进农业机械化和农机装备产业转型升级的指导意见》发布，明确指出要稳定实施农机购置补贴政策，最大限度发挥政策效益。

根据《2018—2020 年农机购置补贴实施指导意见》规定，2020 年农机购置补贴政策继续在全国所有农牧业县（场）范围内实行，补贴对象为从事农业生产的个人和农业生产经营组织，补贴机具种类由各省结合实际从全国范围中选择确定，实施方式为自主购机、定额补贴、先购后补、县级结算、直补到卡（户），补贴额依据同档产品上年市场销售均价测算，原则上测算比例不超过 30%，一般机具的中央财政资金单机补贴额不超过 5 万元；挤奶机械、烘干机单机补贴额不超过 12 万元；100 马力以上大型拖拉机、高性能青饲料收获机、大型免耕播种机、大型联合收割机、水稻大型浸种催芽程控设备单机补贴额不超过 15 万元；200 马力以上拖拉机单机补贴额不超过 25 万元；大型甘蔗收获机单机补贴额不超过 40 万元；大型棉花采摘机单机补贴额不超过 60 万元。补贴受益信息和资金使用进度实行实时公开，可登录各省（自治区、直辖市）农机购置补贴信息公开专栏查询。各地农机购置补贴辅助管理系统实行常年开放，农民购机后随时申请补贴，可通过手机 App 随时录入补贴申请，也可去县级农机化主管部门现场录入。补贴申请受理和资金兑付实行限时办理，整个周期最长不超过 60 个工作日。

农业农村部、财政部要求各地在补贴范围的确定上，扩展生猪等主要畜产品生产及助力丘陵山区等贫困地区产业发展所需机具品目，缩减区域内保有量明显过多、技术相对落后的机具品目。重点将支持生猪等畜产品生产的自动饲喂、环境控制、疫病防控、废弃物处理等机具装备全部纳入补贴范围。

4. 农机报废更新补贴试点政策

2020 年在全国范围内实施农机报废更新补贴政策，加快老旧农机淘汰，促进节能减排、环境保护和安全生产。补贴对象为从事农业生产的个人和经营组织。享受报废补贴的机具为达到报废条件的危及人身财产安全的机械，包括依法纳入牌证管理的拖拉机、联合收割机以及水稻插秧机、机动植保机械、铡草机、机动脱粒机、饲料粉碎机。拖拉机的报废补贴标准根据马力段的不同从 1 000 元到 12 000 元不等，联合收割机的报废补贴标准根据喂入量（或收割行数）的不同从 3 000 元到 20 000 元不等。其他 5 种机械的报废补贴范围由各地结合实际确定，补贴标准按不超过同类机械购机补贴额的 30% 确定。

5. 农机安全监理免费政策

2020 年，国家继续实行农机安全监理免费政策，免征拖拉机号牌（含号牌架、固定封装置）费、拖拉机行驶证费、拖拉机登记证费、拖拉机驾驶证费、拖拉机安全技术检验费等 5 项农机安全监理机构收取的行政事业性收费。同时，鼓励有条件地方积极争取财政预算，将农机驾驶证考试费、培训费、保险费也纳入免征或财政补贴范围，免费为广大农民群众办理相关业务。免费监理所需经费由财政部门安排。

6. 农机深松整地作业补助政策

开展农机深松整地是改善耕地质量、提高农业综合生产能力、促进农业可持续发展的重要举措。2020 年，国家继续在《全国农机深松整地作业实施规划（2016—2020 年）》确定的适宜地区开展农机深松整地作业补助试点项目，所需资金从中央财政下达各省（自治区、直辖市）的农业有关专项资金中安排。各地采取"先作业后补助、先公示后兑现"的方式，向农民、农机户或农机服务组织发放农机深松整地作业补助。补助标准由各地综合考虑本辖区工作基础、地理条件、技术模式、成本费用等因素确定。农机深松整地以打破犁底层，提高土壤通透性为目的，作业深度一般要求达到或超过 25 厘米，作业质量应符合农业行业标准《深松机作业质量》（NY/T 2845—2015）。

7. 农产品质量安全县创建支持政策

根据国务院统一部署，2014 年农业部启动了国家农产品质量安全县创建活动，围绕"菜篮子"产品主产县，突出落实属地责任、加强全程监管、强化能力提升、推进社会共治，充分发挥地方的主动性、创造性，探索建立行之有效的农产品质量安全监管制度机制，引导带动各地全面提升农产品质量安全监管能力和水平。2015 年农业部认定了首批 107 个农产品质量安全县（市）创建试点单位，中央财政安排每个创建试点县 100 万元、每个创建试点市 150 万元的补助资金，支持开展农产品质量安全县（市）创建活动。2016 年农业部命名了首批 107 个县（市）为"国家农产品质量安全县（市）"，2017 年确定了第二批 215 个创建试点单位，中央财政对部分县（市）给予财政补助。2018 年，组织开展了首批农产品质量安全县（市）产销对接活动，对第二批创建试点单位开展考核验收。2019 年命名了第二批国家农产品质量安全县（市），举办了第二届产销对接活动。鼓励有条件的地方以省（市）为单位整建制创建。

8. 产粮（油）大县奖励政策

产粮（油）大县奖励政策主要是为了调动地方政府抓好粮食、油料生产的积极性，缓解产粮（油）大县财政困难，促进粮食、油料产业发展，保障国家粮油安全。常规产粮大县入围条件为：近 5 年平均粮食产量大于 4 亿斤（2 斤 = 1 千克，全书同），且商品量大于 1 000 万斤；或者在主产区产量或商品量列前 15 位，非主产区列前 5 位的县级行政单位。在此基础上，近 5 年平均粮食产量或者商品量分别位于全国前 100 名的县为超级产粮大县，在获得常规产粮大县奖励的基础上，再获得超级产粮大县奖励。常规产粮大县奖励资金作为一般性转移支付，由县级人民政府统筹使用；超级产粮大县奖励资金用于扶持粮食生产和产业发展。产油大县奖励入围条件由省级人民政府按照"突出重点品种、奖励重点县（市）"的原则确定，入围县享受的奖励资金不低于 100 万元，全部用于扶持油料生产和产业发展，特别是用于支持油料收购、加工等方面支出。

9. 生猪（牛羊）调出大县奖励政策

生猪（牛羊）调出大县奖励政策主要是为了调动地方政府发展生猪（牛羊）养殖积极性，促进生猪（牛羊）生产、流通，引导产销有效衔接，保障市场供应。生猪（牛羊）调出大县奖励资金包括生猪调出大县奖励资金、牛羊调出大县奖励资金和省级统筹奖励资金 3 个部分。生猪（牛羊）调出大县奖励资金按因素法分配到县，分配因素包括过去 3 年年均生猪（牛羊）调出量、出栏量和存栏量，因素权重分别为 50%、25%、25%，奖励资金对生猪调出大县前 500 名、牛羊调出大县前 100 名给予支持。生猪（牛羊）调出大县奖励资金由县级人民政府统筹安排用于支持本县生猪（牛羊）生产流通和产业发展，支持范围包括：生猪（牛羊）生产环节的圈舍改造、良种引进、污粪处理、防疫、保险、牛羊饲草料基地建设以及流通加工环节的冷链物流、仓储、加工设施设备等方面支出。

省级统筹奖励资金按因素法切块到省（自治区、直辖市），分配因素包括各省（自治区、直辖市）生猪（牛羊）生产量、消费量等。统筹奖励资金由省级人民政府统筹安排用于支持本省（自治区、直辖市）生猪（牛羊）生产流通和产业发展。

10. 稳定生猪生产政策

对具有种畜禽生产经营许可证的种猪场（含地方猪保种场）及年出栏 5 000 头以上的规模猪场给予短期贷款贴息支持。贴息范围重点是用于相关企业购买饲料、母猪、仔猪等方面的生产流动资金以及用于新建、改扩建猪场的建设资金。中央财政对养殖企业银行贷款贴息比例原则上不超过 2 个百分点，地方财政可通过自有财力等其他渠道安排贴息资金，但贴息比例总和不高于同期银行基准利率。自 2019 年 9 月 1 日起，对整车合法运输仔猪及冷鲜猪肉的车辆，恢复执行鲜活农产品运输"绿色通道"政策。畜禽养殖设施用地包括养殖生产及直接关联的粪污处置、检验检疫等设施用地，不包括屠宰和肉类加工场所用地等。畜禽养殖用地可以使用一般耕地，不需要落实占补平衡。养殖设施原则上不得使用永久基本农田，涉及少量永久基本农田确实难以避让的，允许使用但必须补划。各类设施农业用地规模由各省（自治区、直辖市）自然资源主管部门会同农业农村主管部门根据生产规模和建设标准合理确定。养殖设施允许建设多层建筑。附属设施用地规模取消 15 亩上限规定。设施农业用地由农村集体经济组织或经营者向乡镇政府备案，乡镇政府定期汇总情况后汇交至县级自然资源主管部门。涉及补划永久基本农田的，须经县级自然资源主管部门同意后方可动工建设。依法科学划定禁养区，国家法律法规和地方法规之外的其他规章和规范性文件不得作为禁养区划定依据。对禁养区内关停需搬迁的规模养殖场户，优先支持异地重建，对符合环保要求的畜禽养殖建设项目，加快环评审批。对确需关闭的养殖场户，给予合理过渡期，严禁采取"一律关停"等简单做法。对年出栏 5 000 头及以上的生猪养殖项目，探索开展环评告知承诺制改革试点，建设单位在开工建设前，将签署的告知承诺书及环境影响报告书等要件报送环评审批部门，环评审批部门在收到告知承诺书及环境影响报告书等要件后，可不经评估、审查直接做出审批决定，并切实加强事中事后监管。试点时间至 2021 年 12 月 31 日。在辽宁、河南、广东、重庆开展土地经营权、养殖圈舍、大型养殖机械抵押贷款试点。支持具备生猪活体抵押登记、流转等条件的地区，积极稳妥开展生猪活体抵押贷款试点。将全国农机购置补贴机具种类范围内的所有适用于生猪生产的机具品目原则上全部纳入省级补贴范围。对生猪养殖场（户）购置自动饲喂、环境控制、疫病防控、废弃物处理等农机装备应补尽补。

11. 动物防疫补助政策

2020 年实施动物防疫补助政策，主要包括 3 个方面。一是强制免疫补助政策。国家对口蹄疫、高致病性禽流感、小反刍兽疫、布病、棘球蚴病等动物疫病实施强制免疫。口蹄疫、高致病性禽流感、小反刍兽疫免疫范围为全国，布病免疫范围为一类地区省份，棘球蚴病免疫范围为重疫区省份。中央财政强制免疫补助可用于动物疫病强制免疫疫苗（驱虫药物）采购、储存、注射（投喂）及免疫效果监测评价、人员防护等相关防控工作以及对实施、购买动物防疫服务等予以补助。中央财政强制免疫补助规模切块下达各省级财政部门，各省级财政部门根据疫苗实际招标价格、需求数量、政府购买服务数量及动物防疫工作等需求，结合中央财政安排的补助资金，据实安排省级财政补助资金。为进一步强化畜禽养殖经营者的强制免疫主体责任，鼓励指导符合条件的养殖场户的强制免疫实行"先打后补"，逐步实现养殖场户自主采购、财政直补。开展"先打后补"的养殖场户可自行选择国家批准使用的相关动物疫病疫苗，地方财政部门根据兽医部门提供的养殖场户实际免疫数量和免疫效果安排补助经费。自主采购疫苗的养殖者应当做到采购有记录、免疫可核查、效果可评价，具体条件及管理办法由各省（自治区、直辖市）结合本地实际制定。对目前暂不符合条件的养殖场户，继续实施省级疫苗集中招标采购。各地在完成强制免疫任务的前提下，可统筹用于动物疫病净化工作。二是动物疫病强制扑杀补助政策。国家在预防、控制和扑灭动物疫病过程中，对被强制扑杀动物的所有者给予一定补助，补助经费由中央财政和地方财政按比例承担；半年结算一次。目前，纳入中央财政补助范围的强制扑杀疫病种类包括非洲猪瘟、口蹄疫、高致病性禽流感、小反刍兽疫、布病、结核病、棘球蚴病、马鼻疽和马传贫。补助平均测算标准为禽 15 元/羽，猪 800 元/头（因非洲猪瘟扑杀生猪补助标准为 1 200 元/头），奶牛 6 000 元/头，肉牛 3 000 元/头，羊 500元/只，马 12 000 元/匹，其他畜禽补助测算标准参照执行。各省（自治区、直辖市）可根据畜禽大小、品种等因素细化补助测算标准。三是养殖环节无害化处理补助政策。中央财政综合生猪养殖量、处理量和集中专业处理率等因素，测算各省（自治区、直辖市）无害化处理补助经费，包干下达各省级财政部门，主要用于养殖环节病死猪无害化处理支出。各省（自治区、直辖市）细化确定补助标准，按照"谁处理、补给谁"的原则，对病死畜禽收集、转运、无害化处理等各环节的实施者予以补助。此外，自 2016 年起，中央财政用于屠宰环节病害猪无害化处理的相关资金已并入中央对地方一般转移支付，屠宰环节病害猪损失和无害化处理费用由地方财政予以补贴，补贴标准由地方畜牧兽医部门商财政部门确定。

12. 小麦、稻谷最低收购价政策

为保护广大农民利益，防止"谷贱伤农"，2020 年国家继续在粮食主产区实行小麦、稻谷最低收购价政策。2020 年生产的小麦（三等）最低收购价格为每千克 2.24 元，与 2019 年持平。

2020 年生产的早籼稻（三等，下同）、中晚籼稻和粳稻最低收购价分别每千克为 2.24 元、2.54 元、2.6 元。国家将继续对有关稻谷主产省份给予适当补贴支持。

13. 东北玉米和大豆"市场定价、价补分离"政策

2016 年，国家取消玉米临储政策，在东北三省一区实施玉米生产者补贴。中央财政补贴资金拨付到省区，由地方政府统筹将补贴资金兑付给生产者。2017 年改革大豆目标价格政策，统筹实施玉米和大豆生产者补贴。2020 年，继续在东北三省一区实施玉米和大豆生产者补贴，巩固玉米和大豆收储制度改革成效，保障农民种粮基本收益，保持玉米和大豆生产基本稳定。

14. 新疆棉花目标价格补贴政策

从 2014 年开始，国家在新疆实行为期 3 年的棉花目标价格补贴试点，每年的目标价格水平按照"成本+基本收益"的方法调整确定。自 2017 年起，在新疆深化棉花目标价格改革，目标价格 3 年一定，2017—2019 年价格水平为每吨 18 600 元。2020年中央一号文件明确，完善新疆棉花目标价格政策。

15. 农业保险支持政策

目前，中央财政提供农业保险保费补贴的品种包括种植业、养殖业、森林等 3 类，覆盖玉米、水稻、小麦、棉花、马铃薯、油料作物、糖料作物、能繁母猪、奶牛、育肥猪、森林、青稞、牦牛、藏系羊、天然橡胶、三大粮食作物制种共 16 个品种。地方财政支持开展的特色农产品保险品种超过 200 个。

2016 年，财政部出台《中央财政农业保险保险费补贴管理办法》，对农业保险保费补贴政策做出规定：种植业在省级财政至少补贴 25% 的基础上，中央财政对中西部和东部地区分别补贴40% 和 35%；养殖业在地方财政至少补贴 30% 的基础上，中央财政对中西部和东部地区分别补贴 50% 和 40%；公益林在地方财政

至少补贴40%的基础上，中央财政补贴50%；商品林在省级财政至少补贴25%的基础上，中央财政补贴30%；对藏区品种（含青稞、牦牛、藏系羊）、天然橡胶在省级财政至少补贴25%的基础上，中央财政补贴40%。

在上述补贴政策的基础上，中央财政对产粮大县水稻、玉米、小麦等三大粮食作物保险进一步加大支持力度。一是2016年财政部出台提高产粮大县三大粮食作物农业保险保费补贴比例的政策，中央财政对中西部、东部的补贴比例由之前的40%、35%逐步提高到47.5%、42.5%。二是2017年财政部会同农业部、保监会，选择13个粮食主产省的200个产粮大县，在三大主粮基本保障金额覆盖直接物化成本的基础上，开发面向适度规模经营农户的专属大灾保险产品，保障水平覆盖"直接物化成本+地租"。2019年，进一步将农业大灾保险试点实施区域扩大到13个粮食主产省的500个产粮大县。三是2018年财政部会同农业农村部、银保监会，在内蒙古、辽宁等6个省（自治区）各选择4个产粮大县，面向规模经营农户和小农户，开展三大粮食作物完全成本保险和收入保险试点。四是2018年财政部会同农业农村部、银保监会联合下发通知，明确对农户、种子生产合作社和种子企业等开展的符合规定的水稻、玉米、小麦制种，投保农业保险应缴纳的保费纳入中央财政农业保险保费补贴目录。此外，为进一步完善农业保险保费补贴品种体系，助力农民增收和脱贫攻坚战略实施，2019年中央财政出台对地方优势特色农产品保险奖补试点政策，在内蒙古、海南、甘肃等10个省（自治区）开展试点，各试点省（自治区）申请奖补的保险标的或保险产品不超过2种。

16. 财政支持建立全国农业信贷担保体系政策

全国农业信贷担保体系主要由国家农业信贷担保联盟有限责

任公司、省级农业信贷担保机构和市、县（市、区，以下简称市县）农业信贷担保机构组成。

在上下关系上，省级和市县级农业信贷担保机构可直接开展担保业务，国家农业信贷担保联盟主要为省级农业信贷担保机构提供再担保等服务。在运作方式上，全国各级农业信贷担保机构实行市场化运作，财政资金主要通过资本金注入、担保费补助、业务奖补等形式予以支持。在业务范围上，农业信贷担保体系必须专注服务农业适度规模经营、专注服务新型农业经营主体，不得开展任何非农担保业务。同时，对省级农担公司政策性业务实行"双控"标准：要求服务范围限定为农业生产及其直接相关的产业融合发展项目，服务对象聚焦农业适度规模经营主体，且单户在保余额控制在 10 万~200 万元（适合大规模农机作业的地区最高不超过 300 万元），且符合"双控"标准的担保额不得低于总担保额的 70%。目前，除西藏、上海、深圳外，29 个省（自治区、直辖市）和 4 个计划单列市农业信贷担保公司已完成组建，并通过分公司、办事处等向基层延伸服务，加快推动担保业务开展。截至 2019 年末，全国农业信贷担保通体系在保余额突破 1 000 亿元，对资本金放大倍数达到 2 倍。

17. 推进现代种业发展支持政策

2020 年，国家继续深化种业体制机制改革，强化科技创新、制度创新、政策创新，推进农作物种业和畜禽种业发展，提升种业自主创新力、持续发展力和国际竞争力，保障国家粮食安全，为全面推进乡村振兴、农业农村现代化提供有力支持。一是大力推进"南繁硅谷"建设。按照《国家南繁科研育种基地（海南）建设规划（2015—2025 年）》要求，高标准建设国家南繁育种基地。建立部省共建"南繁硅谷"工作协调机制，推动编制南繁硅谷建设规划，统筹谋划重大项目、重大政策；加大南繁生物育种专区建设力度；支持南繁核心区新基地建设，打造全国最好农田；加快推进南繁供地农民补贴、制种大县等政策落实，加强水利工程等在建项目落实，做好后续项目储备。二是积极推进国家种子基地建设。积极开展第二批国家区域性良种繁育基地认定工作，制种大县奖励扩大到青稞、油菜良种繁育基地；开展制种大县奖励绩效评价工作，研究建立动态调整和常态化支持机制，将国家种子基地纳入高标准农田项目优先支持范围；推动出台水稻、小麦、玉米三大粮食作物制种保险政策落地。三是持续推进现代种业提升工程建设。根据新一轮现代种业提升工程建设规划，重点加强国家种质资源库（圃）、国家级畜禽遗传资源保种场等基础性、公益性设施建设，提高资源保存和利用能力；加强育种创新基地、品种测试体系、良种繁育基地等建设，提高育种创新、种业生产和种业监管能力。四是务实推进种业权益改革。支持企业与科研单位深度合作，共建平台、共享成果，促进人才流动和成果转化，加快提升企业创新能力；推进种业人才分类评价，有效调动从事基础性公益性科研人员的积极性；加强国家种业交易平台建设，强化成果展示、产权交易等。五是推进农作物种质资源和畜禽遗传资源保护与利用。继续开展第三次全国作物种质资源普查与收集行动，贯彻落实《全国农作物种质资源保护与利用中长期发展规划（2015—2030年）》，2019年增加北京、天津、河北、安徽、西藏、陕西（陕北）6个省份，计划利用5年左右，对全国31个省（自治区、直辖市）2 228个农业县（市、区）进行种质资源普查与征集，对其中665个种质资源丰富的县进行系统调查与抢救性收集，全面收集古老地方品种、名特优种质资源以及濒危、珍稀野生近缘种；支持畜禽遗传资源活体保种、遗传材料保种及资源利用工作，对100个以上国家级畜禽遗传资源保种场（区、库）给予资金支持，利用猪、家禽、牛、羊、马、驴、蜜蜂、兔地方品种，支持带动地方特别是贫困地区发展特色畜牧业。六是加快绿色优质新品种选育和示范推广。围绕绿色种业发展要求，充分挖掘节水、节肥、抗逆等绿色性状种质和基因资源，加快培育推广肥水高效利用、适宜机械化轻简化栽培的绿色优质品种，加强国省地县四级相互衔接、互为补充的展示示范网络构建，促进良种良法配套、农艺农机融合、线上线下联动，加大新品种宣传推广力度，加快新一轮农作物品种更新换代。七是开展畜禽品种振兴行动。以生猪、奶牛、肉牛、肉鸡和肉羊等5个畜种为主攻方向，根据市场需求，支持相关科研教学、国家核心育种场等单位聚焦育种中的重点难点问题开展联合攻关，切实提高畜禽种业发展质量效益和竞争力，为现代畜牧业发展提供有力支撑。八是推进公共服务信息化。完善种业大数据平台，优化公共服务渠道，实现简单问题大数据答、复杂问题专家答，为生产经营主体提供更便捷的信息服务；通过扫描标签二维码，可对当前市场流通品种、生产经营者或门店相关信息进行多角度查询，实现种子监管全程可追溯，让农民购种用种无忧。九是完善救灾备荒种子储备。《中华人民共和国种子法》规定国家和各省要建立救灾备荒种子储备制度。农业农村部每年安排储备5 000万千克救灾备荒种子，各省也根据当地实际进行储备，如遭遇自然灾害或者遇到供种荒年，可调用救灾备荒种子以尽快恢复农业生产或平抑种子市场波动。

18. 牧区良种推广政策

2020年，中央继续在内蒙古、四川、云南、西藏、甘肃、青海、宁夏和新疆等8个省份支持牧区畜牧良种推广，主要用于对使用良种精液开展人工授精的肉牛养殖场（小区、户）以及存栏能繁母羊30只以上、牦牛能繁母牛25头以上的养殖户进行适当补助。

19. 糖料蔗良种良法技术推广补贴政策

2020 年在广西、云南启动实施糖料蔗良种良法技术推广补贴，中央财政按照糖料蔗种植面积切块下达地方，实行省负总责，由地方制订具体补贴方案，统筹用于良种推广和促进机收等工作，提高竞争力，稳定糖料蔗生产。重点补助 2 个方面：对脱毒种苗补贴，由地方政府招标确定供苗企业，操作上可采取补贴供种企业、蔗农差价买苗的方式，也可采取蔗农全价购苗、政府直接补贴蔗农的方式。对农机作业补贴，可根据社会化服务组织的作业合同和糖厂入厂机收蔗的数量，选择直补农民或补贴作业服务组织 2 种方式之一。

20. 地理标志农产品保护政策

为壮大乡村特色产业、扩大优质绿色农产品供给、促进农业高质量发展，2019 年，农业农村部联合财政部启动地理标志农产品保护工程，计划用 5 年打造 1 000 个地理标志农产品（200个/年）。聚焦粮油、果茶、蔬菜、中药材、畜牧、水产六大品类，选择一批地域特色鲜明、具有发展潜力、市场认可度高的地理标志农产品，重点围绕生产设施条件、品牌营销、知识产权保护 3 个方面开展建设。2019 年，支持 29 个省（自治区、直辖市）和 3 个计划单列市共 210 个地理标志农产品的培育，带动780 万农户增收 150 多亿元，实现销售额 2 800 多亿元；累计培训1 万人次以上，共支持 80 个国家级贫困县特色产业发展。2020年该项政策继续实施。

二、资源环境保护

21. 国家农业绿色发展先行区建设政策

按照中办、国办《关于创新体制机制推进农业绿色发展的意见》要求，为推进农业绿色发展综合性试验示范平台建设，2017

年11月、2019年10月，农业农村部会同国家发展改革委、财政部等7部委，先后评估认定了2批80个国家农业绿色发展先行区。各先行区立足当地资源禀赋、区域特点和突出问题，着力开展农业绿色发展科技创新，加快成熟适用绿色技术、绿色品种的示范、推广和应用，探索符合区域特点和地方特色的绿色发展模式。为强化农业绿色发展支撑，农业农村部印发了《农业绿色发展先行先试支撑体系建设管理办法（试行）》，以国家农业绿色发展先行区为重点，建设绿色生产标准化试验基地，组织编制技术标准，推动规模生产经营主体按标准生产，建立绿色农业生产经营方式，完善绿色发展扶持政策。下一步，将指导先行区试点县，以绿色技术体系为核心、绿色标准体系为基础、绿色产业体系为关键、绿色经营体系为依托、绿色政策体系为保障、绿色数字体系为引领，重点开展绿色技术综合试验、建立长期固定的观测试验站，形成不同生态类型地区、不同作物品种的农业绿色发展典型模式，推动绿色发展由先行先试为主向示范推广转变。

22. 绿色高质高效行动政策

绿色高质高效行动既是综合技术的集成，也是管理方式的创新转变。主要任务是，示范推广高产高效、资源节约、生态环保技术模式，推进规模化种植、标准化生产、产业化经营，增加优质绿色农产品供给，引领农业生产方式转变，提升农业供给体系的质量和效率。2020年，中央财政继续支持开展绿色高质高效行动，紧紧围绕农业供给侧结构性改革这一主线，坚持稳粮保供、绿色发展，打造一批优良食味稻米、优质专用小麦、高油高蛋白大豆、双低双高油菜等类型的优质粮油生产基地；坚持生态环保、提质增效，打造一批棉花、糖料、果菜茶、蚕桑、中药材等优质经济作物生产基地，带动大面积区域性均衡发展，促进种植业稳产高产、节本增效和提质增效。

23. 耕地轮作休耕制度试点政策

2016 年，国家启动实施耕地轮作休耕制度试点，试点面积 616 万亩，补助资金 14.36 亿元。此后，试点规模不断扩大，区域不断拓展，成效逐步显现，初步探索了有效的组织方式、技术模式和政策框架。2020 年，中央财政继续支持开展耕地轮作休耕制度试点面积，坚持轮作为主、休耕为辅。轮作每亩补助 150 元，主要在东北冷凉区、北方农牧交错区、西北地区、黄淮海地区、长江流域开展粮油等轮作模式以及南方地区恢复发展双季稻；休耕每亩补助 500 元，主要在地下水超采区、重金属污染区等。

24. 长江经济带农业面源污染治理支持政策

2018 年 10 月，国家发展改革委等部门印发了《关于加快推进长江经济带农业面源污染治理的指导意见》（发改农经〔2018〕1542 号）（简称《意见》）。《意见》指出，长江经济带作为我国经济实现高质量发展的重点区域，要切实加大农业农村面源污染防治力度，加快治理进度，确保治理成效。确定到 2020 年，农业农村面源污染得到有效治理，种养业布局进一步优化，农业农村废弃物资源化利用水平明显提高，绿色发展取得积极成效，对流域水质的污染显著降低。为推进长江经济带生态治理，加强污染源头减量、过程控制和末端治理，持续改善长江水质，2019 年，国家发展改革委启动实施 "长江经济带农业面源污染治理项目"，2019—2020 年两年各安排中央预算内投资 11 亿元，支持安徽、江西、湖北、湖南、重庆、四川、贵州、云南等 8 个省份，以畜禽养殖污染治理为重点，兼顾农田面源污染治理和水产养殖污染治理。中央补助投资主要支持公益性基础设施建设，并重点支持畜禽养殖污染治理。对符合条件的项目县，中央投资补助比例原则上不超过项目总投资的 50%，补助金额原则

上不超过5 000万元。其中，用于畜禽养殖污染治理的中央补助投资，原则上不低于该项目中央补助投资总规模的65%。中央投资对贫困县的补助比例适当高于非贫困县。中央补助资金分两年安排，第一年安排中央投资规模的50%，第二年根据上一年项目实施情况和治理成效，按照奖优罚劣的原则，统筹安排后续中央投资。

25. 东北黑土地保护利用试点政策

2015—2017年，中央财政每年安排5亿元资金，在东北4省（自治区）的17个县（市、区、旗）开展黑土地保护利用试点，积极探索黑土地保护有效技术模式和工作机制。2018—2019年，扩大试点规模，中央财政每年安排8亿元资金在东北4省（自治区）的32个县（市、区、旗）开展黑土地保护利用试点，组织项目县（市、区、旗）集成示范推广秸秆还田、有机肥施用、肥沃耕层构建、土壤侵蚀治理、深松深耕等技术模式，累计实施面积1 760万亩。2020年，按照中央一号文件要求，继续落实《东北黑土地保护规划纲要（2017—2030年）》任务，制订年度实施方案，安排财政资金，支持32个项目县（市、区、旗）实施4大类17种黑土地保护利用综合技术模式示范推广，统筹推进黑土地有效治理工作，进一步遏制项目区黑土地退化趋势。

26. 东北黑土地保护性耕作作业补助政策

保护性耕作是以农作物秸秆覆盖还田、免（少）耕播种为主要内容的现代耕作技术，能够有效减轻土壤风蚀水蚀、增加土壤肥力和保墒抗旱能力、提高农业生态和经济效益。2020年，经国务院同意，农业农村部、财政部制定印发了《东北黑土地保护性耕作行动计划（2020—2025年）》，组织在辽宁省、吉林省、黑龙江省和内蒙古自治区的赤峰市、通辽市、兴安盟、呼伦贝尔市的适宜区域，推广应用保护性耕作，以玉米生产保护性耕作为重点，促进黑土地保护和农业可持续发展。2020年东北4省（自治区）实施保护性耕作4 000万亩，地方可结合实际对农业生产经营主体开展秸秆覆盖免（少）耕播种作业给予补助，所需资金从中央财政下达各省（自治区）的农业有关专项资金中安排。补助标准由各地综合考虑本辖区工作基础、技术模式、成本费用等因素确定，鼓励采取政府购买服务、"先作业后补助、先公示后兑现"的方式实施，提高补贴实施效率和作业质量。

27. 农作物秸秆综合利用支持政策

2020年，农业农村部会同财政部继续在全国全面推进农作物秸秆综合利用工作，开展整县推进秸秆综合利用重点县建设。支持各地坚持因地制宜、农用优先、多元利用，培育一批产业化利用主体、出台配套扶持政策、发布年度主推技术和模式、做好秸秆资源台账、探索秸秆利用补偿制度，根据区域实际情况打造一批全域全量利用的典型样板，不断激发秸秆还田、离田、加工利用等各环节市场主体活力，建立秸秆综合利用长效运行机制，推动全国秸秆综合利用率稳定在85%以上。

28. 化肥、农药使用量零增长支持政策

2020年，继续选择300个县开展化肥减量增效示范，加快集成推广应用化肥减量增效、绿色高产高效技术模式，着力减少不合理化肥投入，提高肥料利用效率。继续夯实田间调查、取土化验、田间试验、配方发布、数据开发等测土配方施肥基础工作，用好海量数据资源，探索数据共享机制。结合实施重大农作物病虫害统防统治补助资金、草地贪夜蛾防控补助资金和重大植物疫情防控补助资金及相关项目，深入开展农药使用量零增长行动，转变病虫防控方式，大力推进绿色防控替代化学防治，提升科学用药技术和水平。加快新型植保机械推广应用步伐，大力扶持发展植保专业服务组织，提高防控的组织化程度和农药施药效率。

创建绿色防控示范县，推进统防统治与绿色防控融合，打造全程绿色防控示范样板，引领带动农药减量增效工作深入开展。

29. 果菜茶有机肥替代化肥支持政策

2020年，继续开展果菜茶有机肥替代化肥试点，提高畜禽粪污资源用于果菜茶等优势特色作物生产的比例，强化农牧结合，推动种植业和养殖业在布局上相协调、在生产上相衔接。根据不同区域、不同作物的用肥需求和有机肥资源情况，因地制宜推广符合生产实际的有机肥替代化肥技术模式，配套相应的有机肥施用设施。支持农民和新型经营主体等使用畜禽养殖废弃物资源化产生的有机肥，鼓励农民采取秸秆还田、生草覆盖等措施，增加有机投入，减少化肥用量，实现节本增效、提质增效。

30. 废弃农膜回收利用试点政策

2017年，启动实施了农膜回收行动，以西北为重点区域，以棉花、玉米、马铃薯为重点作物，以加厚地膜应用、机械化捡拾、专业化回收、资源化利用为主攻方向，连片实施，整县推进，综合治理。2020年，农业农村部继续深入推进农膜回收行动，加大农田"白色污染"治理力度，重点做好4方面工作。一是推进全程监管。根据《农用薄膜管理办法》，建立全程监管体系。强化农膜准入管理，大力推广普及标准地膜。二是推进示范引领。推动完善政府扶持、市场主导的农膜回收利用体系，加大财政补贴调整力度，建设一批农膜回收示范县，推广农膜回收典型模式。三是推进机制创新。试点创设区域农膜回收绿色补贴政策，探索农膜回收与耕地地力补贴挂钩的约束激励机制。继续试点"谁生产、谁回收"的农膜生产者责任延伸机制。四是推进科技创新。组织有关科技力量，开展残膜捡拾、机械研发、降解地膜对比评价。在适宜区域推广加厚地膜和机械化回收技术。

31. 畜禽粪污资源化利用政策

自2017年以来，通过中央财政和中央预算内投资2个渠道

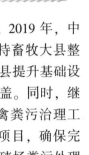

协同支持畜牧大县整县推进畜禽粪污资源化利用。2019年，中央财政和中央预算内投资总共安排97亿元用于支持畜牧大县整县推进畜禽粪污资源化利用，新支持304个畜牧大县提升基础设施条件，探索有效治理机制，实现了畜牧大县全覆盖。同时，继续支持非畜牧大县生猪等主要畜种规模养殖场畜禽粪污治理工作。2020年，继续组织实施畜禽粪污资源化利用项目，确保完成国务院确定的全国畜禽粪污综合利用率和规模养殖场粪污处理设施装备配套率目标任务。在畜牧大县畜禽粪污资源化利用整县推进的基础上，以生猪规模化养殖场为重点，择优选择120个左右生猪存栏量10万头以上的非畜牧大县开展畜禽粪污资源化利用整县推进。对符合条件的项目县，中央投资补助比例不超过项目总投资的50%，最多不超过3 000万元。对贫困县可适当提高补助比例。项目资金主要用于支持畜禽粪污收集、储存、处理、利用等环节的基础设施建设。同时，支持非整县推进项目县生猪等主要畜种规模养殖场畜禽粪污治理工作。

32. 生猪规模化养殖场建设补助政策

贯彻落实中共中央、国务院关于稳定生猪生产保障市场供应的部署要求，通过对生猪规模化养殖场（含种猪场）安排建设补助，提高猪场生产能力，提升生物安全防护和粪污资源化利用水平，加快生猪生产恢复。对2020年底前新建、改扩建种猪场、规模猪场（户）和禁养区内规模养猪场（户）异地重建等给予适当补助，主要支持生猪规模化养殖场和种猪场建设动物防疫、粪污处理、养殖环境控制、自动饲喂等基础设施建设。中央财政补助比例原则上不超过项目总投资的30%，最低不少于50万元，最高不超过500万元。对于禁养区搬迁、异地重建的规模化养殖场优先给予支持。

33. 农牧民补助奖励政策

2020年，中央财政安排年度农牧民补助奖励资金155.6亿元，继续在河北、山西、内蒙古、辽宁、吉林、黑龙江、四川、云南、西藏、甘肃、青海、宁夏、新疆等13个省份和新疆生产建设兵团、黑龙江农垦总局实施该政策，推进草原畜牧业发展方式转变，促进牧民增收。

34. 渔业资源保护补助政策

2020年，中央财政继续在农业资源及生态保护补助资金项目中安排水生生物增殖放流方向的支持。增殖放流物种以重要的、洄游性的经济水生生物物种、珍稀濒危水生生物物种以及对水域生态修复具有重要作用的水生生物物种为主。增殖放流工作应严格按照《农业部办公厅关于进一步规范水生生物增殖放流工作的通知》（农办渔〔2017〕49号）要求，防范外来物种入侵和种质资源污染，提高供苗质量；规范增殖放流全程监管，完善苗种招标采购、放流跟踪监测等制度。

35. 农村人居环境整治支持政策

2018年，中办、国办印发《农村人居环境整治三年行动方案》，明确提出农村生活垃圾污水治理、农村厕所革命和村容村貌提升等重点任务。2019年，中央财政新增资金，支持地方开展农村人居环境整治。一是启动实施农村厕所革命整村推进财政奖补政策，自2019年起，中央财政安排资金，用5年左右，以奖补方式支持和引导各地推动有条件的农村普及卫生厕所，实现厕所粪污基本得到处理和资源化利用。2019年安排资金70亿元。二是中央预算内投资安排30亿元，启动实施农村人居环境基础设施建设整县推进项目，支持中西部省份（含东北地区、河北省、海南省）以县为单位，开展农村生活垃圾、生活污水、厕所粪污治理和村容村貌提升等基础设施建设。三是对开展农村人居环境整治成效明显的 19 个县（市、区），每个县给予 2 000 万元激励支持。

三、产业发展

36. 农村创新创业支持政策

2019 年 6 月，国务院印发《国务院关于促进乡村产业振兴的指导意见》，明确指出要促进农村创新创业，引导农民工、大中专毕业生、退役军人、科技人员等返乡入乡人员和"田秀才"、"土专家"、"乡创客"创新创业。2019 年 12 月，《人力资源社会保障部　财政部　农业农村部印发关于进一步推动返乡入乡创业工作的意见》，支持落实创业扶持政策，有条件的地区对首次创业、正常经营 1 年以上的返乡入乡创业人员，可给予一次性创业补贴。支持扩大创业培训范围，将有培训需求的返乡入乡创业人员全部纳入创业培训范围，依托普通高校、职业院校、教育培训机构等各类优质培训资源，根据创业意向、区域经济特色和重点产业需求，开展有针对性的返乡入乡创业培训。优化创业服务，依托县乡政务服务中心办事大厅设立创业服务专门窗口，为返乡入乡创业人员就地就近提供政策申请、社保接续等服务。

37. 休闲农业和乡村旅游发展支持政策

2019 年，国务院印发《国务院关于促进乡村产业振兴的指导意见》强调，优化乡村休闲旅游业，实施休闲农业和乡村旅游精品工程，建设一批设施完备、功能多样的休闲观光园区、乡村民宿、森林人家和康养基地，培育一批美丽休闲乡村、乡村旅游重点村，建设一批休闲农业示范县。2017 年和 2018 年中央一号文件强调，构建农村一二三产业融合发展体系，大力发展休闲农业和乡村旅游产业，实施休闲农业和乡村旅游精品工程，建设一批设施完备、功能多样的休闲观光园区、森林人家、康养基地、乡村民宿、特色小镇。利用闲置农房发展民宿、养老等项目。发展乡村共享经济、创意农业、特色文化产业。积极开发观光农业、游憩休闲、健康养生、生态教育等服务。预留部分规划建设用地指标用于单独选址的农业设施和休闲旅游设施等建设。2019年中央一号文件强调，发展壮大乡村产业，拓宽农民增收渠道。充分发挥乡村资源、生态和文化优势，发展适应城乡居民需要的休闲旅游、餐饮民宿、文化体验、健康养生、养老服务等产业。加强乡村旅游基础设施建设，改善卫生、交通、信息、邮政等公共服务设施。

38. 乡村特色产业发展支持政策

2020 年，农业农村部采取有力有效政策措施推动乡村特色产业发展。一是开展优势特色农产品产业集群建设。支持各省聚焦 1~2 个优势特色主导品种，打造各具特色的农业全产业链，培育一批产值超百亿元的区域优势特色产业集群。二是推进"一村一品""一镇一特""一县一业"发展。支持引导有一定资源禀赋和产业基础的专业村，找准做强特色产业，发展新型农业经营主体，打造特色品牌，培育能够带动农民长期稳定发展、贫困户长期稳定脱贫增收的特色主导产业。将各地产品品质优良、区域特色鲜明、带动农民增收效果显著、具有明显发展潜力的专业村镇认定为全国"一村一品"示范村镇，示范引领更多村镇发展"一村一品"，带动农民就业致富，尽快形成"一县一业"发展新格局。三是遴选推介乡村特色产品名录。引导各部门、各地统筹协调资源力量，共同培育壮大一批特色产业经营主体，提升特色产品质量效益，完善全产业链融合发展机制，切实推动优势特色产业做大做强，为全面建成小康社会、打赢脱贫攻坚战、实施乡村振兴战略做好有力支撑。

39. 特色农产品优势区建设支持政策

2017 年中央一号文件提出，鼓励各地争创园艺产品、畜产品、水产品、林特产品等特色农产品优势区。农业农村部会同国家发展改革委等有关部门，出台了特色农产品优势区建设规划纲要，制定了中国特色农产品优势区创建认定标准，推动特色农产品优势区创建工作。2017 年以来，有关部门先后 3 次认定了 229 个中国特色农产品优势区。2020 年，继续开展特色农产品优势区创建和认定工作，强化特优区规范化管理和宣传推介。推动特色产业发展，做大做强一批"中国第一，世界有名"的中国特色农产品优势区。

40. 农业产业强镇建设发展支持政策

2020 年，农业农村部以农业产业强镇建设为重要载体，大力支持推动农村一二三产业融合发展。按照以奖代补等方式，继续支持建设一批农业产业强镇。聚焦镇域农业主导产业，支持提升原料基地、仓储保鲜、加工园区、电商物流等设施装备水平；鼓励农民合作社和家庭农场发展农产品初加工，引导农业企业与农民合作社、农户联合建设原料基地、加工车间等；引导农业企业与小农户建立契约型、分红型、股权型等合作方式，把利益分配重点向产业链上游倾斜，促进农民持续增收，让农户更多分享乡村产业发展红利；探索适宜贫困地区的乡村产业发展模式，探索让贫困户尤其是建档立卡的贫困户稳定分享产业融合发展的增值收益的建设模式，助力脱贫攻坚。

41. 现代农业产业园建设支持政策

建设现代农业产业园（简称"产业园"），是新时期培育农业农村经济发展新动能、推进乡村产业振兴的重要载体，2017 年以来连续 4 年的中央一号文件都对此做出部署。农业农村部和财政部认真贯彻落实中央要求，全面启动和推进产业园建设工作，中央财政累计投入 67 亿元，批准创建 114 个、认定 49 个国家产业园，带动各地创建了 1 800 多个省级产业园和 3 800 多个市县级产业园，初步建立了国家、省、市、县梯次推进的工作格局，在引领带动本地农业转型升级方面发挥了积极作用。2020 年，农业农村部、财政部继续创建和认定一批国家现代农业产业园。区域布局上，优先支持符合条件的贫困县、粮食生产功能区、重要农产品生产保护区、特色农产品优势区、国家现代农业示范区等申请创建。新创建的国家产业园主导产业原则上不与本省（自治区、直辖市）已批准创建的国家产业园主导产业相同。地域上不与农财两部委批准建设的农业产业强镇重叠。产业园应布局在县以下。资金支持上，中央财政通过奖补方式对批准创建的国家产业园予以资金支持。资金分 3 次安排，第 1 次在批准创建时安排部分奖补资金，第 2 次在通过中期评估后安排部分奖补资金，第 3 次在通过认定后安排剩余奖补资金。对认定未通过的，不再安排奖补资金并收回结余资金。

42. 产业扶贫政策

农业农村部聚焦"三区三州"等深度贫困地区，全面提升产业扶贫工作质量，为巩固脱贫成果防止返贫、接续推进乡村振兴提供坚实保障。一是积极应对疫情对产业扶贫影响。把贫困地区农产品作为疫情防控期间"菜篮子"产品有效供给的重要来源，推动产区和销区构建"点对点"的对接关系，协调优化鲜活农产品运输"绿色通道"政策，抓好因疫情造成的部分贫困地区农产品"卖难"问题。多途径协调解决带贫龙头企业、农民合作社等用工难问题，支持带贫企业尽早复工复产，稳妥有序推进贫困群众返岗就业。二是集中攻克深度贫困堡垒。研究深度贫困地区产业扶贫情况，召开"三区三州"产业扶贫工作推进会，建立未摘帽县产业扶贫跟踪督战制度。加大"三区三州"

等深度贫困地区产业扶贫政策倾斜力度，新增产业扶贫项目主要布局深度贫困地区，新增产业扶贫资金主要用于深度贫困地区，全力推进深度贫困地区特色产业发展。三是提升贫困地区特色产业发展水平。优化产业扶贫项目，推进规模化、标准化生产，加快发展绿色高效特色种养业。继续实施贫困地区农产品加工业提升行动，大力发展休闲农业、乡村旅游等多元业态，深入推进贫困村"一村一品"发展，支持有条件的贫困县创建扶贫产业园。开展产业扶贫规划评估，指导贫困县编制"十四五"产业发展规划。四是构建贫困地区农产品产销对接长效机制。加强特色农产品品牌打造，支持开展绿色食品、有机农产品、农产品地理标志认证登记，支持建设农产品仓储保鲜冷链物流等设施。开展贫困地区农产品产销对接活动。五是提升新型经营主体带贫能力。支持贫困地区培育壮大带贫主体，继续组织龙头企业与贫困地区开展有效对接，推进贫困地区农民合作社规范发展。组织开展产业扶贫典型交流，完善政策扶持与带贫效果挂钩机制，推动贫困户与带贫主体建立稳定利益联结关系。扎实推进贫困地区经济薄弱村发展提升计划实施。六是强化产业扶贫支撑保障。推动各地加大专项扶贫资金、涉农整合资金、东西协作资金等支持产业扶贫力度，落实金融扶持政策，规范小额信贷发放，加快发展特色农产品保险。加强贫困县产业技术专家组、特聘农技员、产业发展指导员队伍建设与管理，完善服务效果评价制度，推动进村入户帮扶。加大贫困地区脱贫致富带头人和高素质农民培育力度。七是防范产业扶贫风险。指导贫困县建立联贫带贫主体目录，健全风险预警机制，系统评估扶贫产业风险，制定防范处置措施。强化监督指导，落实产业扶贫风险防范地方责任和市场主体责任。八是做好产业扶贫与乡村振兴有效衔接。梳理评估产业扶贫政策措施，推动产业帮扶资源、政策举措等有序转到乡村产业振兴。

43. 贫困地区产销对接支持政策

为贯彻习近平总书记在 2018 年 4 月中央财经委员会第一次会议关于"产业扶贫重点要在扶持贫困地区农产品产销对接上拿出管用措施"的重要指示精神，2018 年以来，先后印发《贫困地区农产品产销对接实施方案》《农业农村部办公厅关于做好 2019 年贫困地区农产品产销对接工作的通知》，明确工作思路、工作内容和重点任务，为全年工作设计详细的路线图和时间表，并联合 10 个部门发出《贫困地区农产品产销衔接行动倡议书》。聚焦"三区三州"等深度贫困地区、集中连片贫困地区优质特色农产品，农业农村部连续两年牵头举办了 17 场产销对接活动，全国 3/4 以上贫困县参加，展示展销万余种农产品，经销商、采购商积极广泛参与对接采购。2020 年，继续组织开展以"三区三州"为重点的集中连片贫困地区、深度贫困地区农产品产销对接活动，促进贫困地区农业产业发展。

44. 信息进村入户支持政策

2020 年，农业农村部继续深入实施信息进村入户工程，指导各省加大整省推进力度，加快益农信息社建设，强化资源聚合，推动各类服务资源通过益农信息社向农村下沉，丰富服务内容和服务方式，推动公共服务向农村延伸、在前端办理。充分发挥益农信息社深入农村、联系农民的优势，结合"互联网+"农产品出村进城工程，扎根当地产业优势，做好优质特色农产品上行。

45. 农业电子商务发展支持政策

经国务院同意，农业农村部、国家发展改革委、财政部、商务部于 2019 年底印发《关于实施"互联网+"农产品出村进城工程的指导意见》，组织实施"互联网+"农产品出村进城工程，做好产前、产中、产后全产业链的数字化，建立适应农产品网络销售的供应链体系、运营服务体系和支撑保障体系，推动解决农产品"卖难"问题，实现优质优价带动农民增收。

46. 发展多种形式适度规模经营政策

大力培育新型农业经营主体和服务主体，通过经营权流转、股份合作、农业生产托管等方式，加快发展土地流转型、服务带动型等多种形式适度规模经营。支持各类服务组织开展土地托管、联耕联种、代耕代种、统防统治等直接面向农户的农业生产托管，扩大服务规模，集中连片推广绿色高效农业生产方式。推进农业生产托管服务标准建设，规范服务行为和服务市场。土地流转要坚持集体所有权，稳定农户承包权，放活土地经营权，以家庭承包经营为基础，推进家庭经营、集体经营、合作经营、企业经营等多种经营方式共同发展；坚持规模适度，既注重提升土地经营规模，又防止土地过度集中，兼顾公平与效率，提高劳动生产率、土地产出率和资源利用率；坚持市场在资源配置中起决定性作用和更好发挥政府作用，依法推进土地经营权有序流转，鼓励和引导农户自愿互换承包地块实现连片耕种。各地要依据自然经济条件、农村劳动力转移情况、农业机械化水平等因素，研究确定本地区土地规模经营的适宜标准，防止脱离实际、违背农民意愿，片面追求超大规模经营的倾向。完善财税、信贷保险、用地用电、项目支持等政策。实施新型农业经营主体培育工程，培育发展家庭农场、合作社、龙头企业、社会化服务组织和农业产业化联合体，发展多种形式适度规模经营。

47. 扶持家庭农场发展政策

2019 年，促进家庭农场和农民合作社高质量发展工作推进会在河北召开，胡春华副总理出席会议并讲话；中央农办、农业农村部等 11 个部门和单位联合印发《关于实施家庭农场培育计划的指导意见》，对培育发展家庭农场的总体要求、完善登记和名录管理制度、强化示范创建引领、建立健全政策支持体系和健全保障措施等方面进行了部署；征集推介了第一批 26 个全国家庭农场典型案例；健全了全国家庭农场名录管理制度。截至2019 年底，全国家庭农场数量超过 70 万家，已有 30 个省（自治区、直辖市）出台扶持家庭农场发展的相关政策，有 28 个省（自治区、直辖市）开展了示范家庭农场创建，中央财政扶持家庭农场力度进一步加大。2020 年，农业农村部进一步贯彻落实《关于实施家庭农场培育计划的指导意见》、促进家庭农场和农民合作社高质量发展工作推进会精神，完善家庭农场名录管理制度，把符合条件的种养大户、专业大户纳入家庭农场范围。做好家庭农场名录系统信息填报和动态更新工作。强化示范创建引领，加强示范家庭农场评定，做好典型案例征集推介，鼓励有条件的地方开展家庭农场示范县创建。引导家庭农场开展联合与合作，鼓励组建家庭农场协会或联盟。实施好中央财政支持家庭农场项目，指导各地落实任务清单和绩效目标任务。

48. 扶持农民合作社发展政策

2019 年，经国务院同意，中央农办、农业农村部等 11 部门联合开展了农民合作社规范提升行动。一是扎实开展农民合作社质量提升整县推进试点，将试点范围扩大到 158 个试点单位。试点通过发展壮大单体农民合作社、培育发展农民合作社联合社、提升县域指导扶持服务水平，打造了一批农民合作社高质量发展的县域样板。二是深入推进示范社创建，全国农民合作社发展部际联席会议成员单位共同修订《国家农民合作社示范社评定及监测办法》，国家示范社达到 8 470 家，全国县级以上农民合作社示范社 18 万家。三是组织社会力量支持农民合作社发展，与中国中化、中粮和中邮等企业签署了共同促进农民合作社质量提升合作框架协议和实施方案，发挥各方业务优势为农民合作社提供服务。四是发挥典型引路作用，认真总结各地农民合作社规范运行、创新发展的实践经验，遴选24个全国农民合作社典型案例并公开结集出版，供广大农民合作社学习借鉴。五是清理农民合作社"空壳社"，按照"清理整顿一批、规范提升一批、扶持壮大一批"的办法，重点对被列入国家企业信用信息系统经营异常名录、"双随机"抽查和群众反映存在问题的农民合作社进行清理。

2020年，在对农民合作社高质量发展全面谋划、统筹部署的基础上，转变工作思路方法，更加注重质量提升，坚持扶优扶强，促进农民合作社内强素质、外强能力，抓好规范提升各项任务落实落地，加快提升农民合作社发展质量。加强对农民合作社产销衔接服务，新冠肺炎疫情防控期间收集发布农民合作社蔬菜、水果、畜禽水产类产品供应信息，总结宣传农民合作社稳产保供和疫情防控的经验做法和善行义举，加大政策支持。抓好试点示范，开展国家、省、市、县级示范社四级联创，分区域组织农民合作社质量提升整县推进试点县开展经验交流，充分发挥试点示范效应。深入推进联合与合作，引导推动农民合作社之间、农民合作社与各类经营主体之间多元融合发展。深化拓展社企对接，帮助农民合作社优质农产品拓市场、树品牌，提升市场影响力和经济效益。严格防范和处置借农民合作社名义搞非法集资。

49. 扶持农业产业化发展政策

2020年，深入贯彻落实《国务院关于促进乡村产业振兴的指导意见》，加快推进农业产业化发展。一是培育壮大龙头企业队伍。加强对国家重点龙头企业监测，按照"退一补一"原则，递补成长性好的国家重点龙头企业。引导地方培育龙头企业队伍，构建国家、省、市、县四级格局，形成乡村产业"新雁阵"。2020 年，遴选并推介全国农业产业化龙头企业 100 强，推介一批龙头企业典型案例和优秀乡村企业家。二是培育创建农业产业化联合体。支持发展行政区域范围内的大型产业化联合体，积极发展园区型的中型产业化联合体，鼓励发展农业企业、农民合作社与农户联合合作的小型产业化联合体。2020 年，扶持并推介一批主导产业突出、联农带农紧密的农业产业化联合体。三是完善联农带农机制。引导龙头企业与小农户建立契约型、股权型利益联结机制，开展土地经营权入股发展农业产业化经营试点，创新土地经营权入股的实现形式。

50. 加快发展农业生产性服务业政策

党的十九大报告明确提出要健全农业社会化服务体系，实现小农户和现代农业发展有机衔接。2017 年，农业部、国家发展改革委、财政部联合印发《关于加快发展农业生产性服务业的指导意见》（简称《意见》）。《意见》指出，发展农业生产性服务业，要坚持市场为导向、服务农业农民、创新发展方式、注重服务质量等原则，着眼于满足小农户和新型农业经营主体的经营需求，围绕产前、产中、产后全过程，重点发展市场信息、农资供应、绿色技术、废弃物资源化利用、农机作业、初加工、市场营销等领域的生产性服务；要大力培育多元化、专业化、市场化的服务组织，创新服务方式，规范服务行为，不断提升农业生产性服务业对小农户服务的覆盖率。2019 年 2 月，发展农业生产性服务业和推进生产托管写入《关于促进小农户和现代农业发展有机衔接的意见》，明确提出要加强面向小农户的社会化服务，进一步健全面向小农户的社会化服务体系，发展农业生产性服务业，加快推进农业生产托管服务，促进农业生产托管规范发展，实施小农户生产托管服务促进工程，把小农户引入现代农业发展轨道。2020 年，围绕巩固和完善农村基本经营制度，大力推进农业生产托管服务，健全农业社会化服务体系，进一步丰富双层经营体制内涵，推动农业服务业高质量发展。

51. 大力推广农业生产托管政策

农业生产托管是农户等经营主体在不流转土地经营权的条件下，将农业生产中的耕、种、防、收等全部或部分作业环节委托给农业生产性服务组织完成的新型农业经营方式。2017年，农业部、财政部联合印发了《农业部办公厅　财政部办公厅关于支持农业生产社会化服务工作的通知》（农办财〔2017〕41号），对支持农业生产托管发展的思路、原则以及内容等做出明确规定。2017年9月，农业部办公厅印发了《关于大力推进农业生产托管的指导意见》，要求各地坚持因地制宜，明确在当地重点支持开展托管的农产品生产、托管环节、托管模式以及重点支持的服务规模经营形式，针对服务标准、质量、价格、信用等方面加强制度建设，强化规范引导。为充分发挥财政资金引导作用，2019年8月，农业农村部、财政部联合印发了《农业农村部办公厅　财政部办公厅关于进一步做好农业生产社会化服务工作的通知》（农办计财〔2019〕54号），进一步完善了生产托管项目的实施重点和管理办法等，规范项目实施。2020年，中央财政农业生产托管专项补助资金增加到45亿元，支持4 500万亩的生产托管服务，支持面向"一小两大"（即面向小农户、大宗农产品、农业生产大县）的社会化服务，强化项目引导、典型引领，带动更多小农户参与农业现代化进程，推动农业规模经营发展，促进农业节本增效和绿色发展。在支持领域上，重点支持粮油棉糖等大宗农产品生产托管，探索向经济作物托管、畜牧托养等领域拓展；在支持环节上，按照补齐现代农业建设短板要求和受农民群众欢迎程度，重点支持深耕深松、工厂化育秧、烘干仓储等关键环节以及统防统治、秸秆还田、农膜回收等绿色作业环节；

在支持形式上，根据各地的土地资源条件、劳动力转移程度、农业机械化发展水平等具体情况，重点支持规模效益突出、带动小农户较多的服务形式，不断扩大农业生产托管服务覆盖率，加快把小农户引入现代农业发展轨道。

52. 粮改饲试点支持政策

自 2015 年以来，国家在"镰刀弯"地区、黄淮海玉米主产区 17 个省份和黑龙江省农垦总局，启动实施粮改饲政策，累计安排中央财政资金 73 亿元，选择牛羊养殖基础好、玉米种植面积较大的县实施全株青贮玉米等优质饲草料收贮的粮改饲补贴。在主推青贮玉米的基础上，因地制宜推广苜蓿、燕麦、甜高粱等优质饲草料品种。大力发展社会化专业收贮服务组织，提高优质饲草料商品化供应能力。2019 年，全国完成粮改饲面积 1 500 万亩，收贮优质饲草料 4 248 万吨。2020 年，继续在试点区域内实施粮改饲政策，重点支持东北地区和北方农牧交错带扩大实施规模，补助对象为规模化草食家畜养殖场户或专业青贮饲料收贮合作社等新型农业经营主体。选择玉米种植面积大、牛羊饲养基础好、种植结构调整意愿强的县整体推进，鼓励有条件的地方实施整地市推进，采取以养带种的方式推动种植结构调整。

53. 振兴奶业支持苜蓿发展政策

为提高我国奶业生产和质量安全水平，自 2012 年起，国家实施"振兴奶业苜蓿发展行动"，中央财政每年安排 3 亿元，支持 50 万亩高产优质苜蓿示范片区建设，每亩补贴 600 元，重点用于推行苜蓿良种化、应用标准化生产技术、改善生产条件和加强苜蓿质量管理等方面。2019 年，项目规模扩大，安排补贴苜蓿面积由 50 万亩扩大到 100 万亩以上，资金由 3 亿元增加到 10 亿元，并给予地方更大的自主权。2020 年该政策继续实施。

54. 渔业油价补贴综合性支持政策

自 2015 年起，对渔业油价补贴政策进行调整，将国内渔业油价补贴调整为专项转移支付和一般性转移支付相结合的综合性支持政策，以2014年清算数（240亿元）为基数进行补贴，中央财政补贴资金与用油量及油价彻底脱钩。政策调整后，将国内渔业补贴资金（约200亿元）的20%（40亿元）作为中央财政专项转移支付资金，重点支持海洋捕捞渔民减船转产、渔船报废拆解、海洋捕捞渔船更新改造、人工鱼礁建设、渔港航标等公共基础设施建设、深水抗风浪养殖网箱、海洋渔船通导与安全装备建设；将国内渔业补贴资金（约200亿元）的80%（160亿元）作为一般性转移支付资金，由省级统筹用于支持渔业生产成本补贴、减船转产、渔业资源养护、休禁渔补贴、渔业渔政信息化建设、渔港航标建设、池塘标准化和工厂化循环水改造等水产养殖基础设施建设。远洋渔业油价补贴全部调整为专项转移支付资金（约40亿元），重点支持远洋渔船更新改造、远洋渔业基地建设和国际渔业资源开发利用。2020年，国家继续实施渔业油价补贴综合性支持政策。

55. 蜂业质量提升政策

2020年中央财政安排资金在黑龙江、江苏、浙江、福建、江西、山东、河南、湖北、湖南、广东、广西、四川、云南、甘肃、新疆15省（自治区）实施蜂业质量提升行动，用于建设高效优质蜂产业发展示范区、开展蜜源植物保护利用、蜜蜂遗传资源保护利用、良种繁育推广、现代化养殖加工技术及设施推广应用、蜂产品质量管控体系等，提升全国养蜂业标准化、规模化、产业化水平。

四、农村改革及其他

56. 农村土地"三权"分置政策

三权分置是指农村土地集体所有权、农户承包权、土地经营权"三权"分置并行，这是我国农业农村领域继家庭承包制后又一次重大理论突破和制度创新。2016年10月，中办、国办印发《关于完善农村土地所有权承包权经营权分置办法的意见》，明确要求不断探索农村土地集体所有制的有效实现形式，落实集体所有权，稳定农户承包权，放活土地经营权，充分发挥三权各自功能和整体效用，形成层次分明、结构合理、平等保护的格局。农村土地集体所有权必须得到充分体现和保障，不能虚置，土地集体所有权人对集体土地依法享有占有、使用、收益和处分的权利。农户享有土地承包权是农村基本经营制度的基础，要稳定现有土地承包关系并保持长久不变，严格保护农户承包权，赋予土地承包权人对承包土地依法享有占有、使用和收益的权利，充分维护承包农户使用、流转、抵押、退出承包地等各项权能。赋予经营主体更有保障的土地经营权，是完善农村基本经营制度的关键。要加快放活土地经营权，赋予土地经营权人对流转土地依法享有在一定期限内占有、耕作并取得相应收益的权利。在依法保护集体所有权和农户承包权的前提下，平等保护经营主体依流转合同取得的土地经营权，保障其有稳定的经营预期。2018年12月修正的《中华人民共和国农村土地承包法》确立了三权分置的法律制度，专门对农村土地经营权做了具体规定，赋予土地经营权入股、融资担保的权能。

57. 保持土地承包关系稳定并长久不变政策

党的十九大提出，保持土地承包关系稳定并长久不变，第二轮土地承包到期后再延长30年。2019年11月中央授权新华社发布了《中共中央　国务院关于保持土地承包关系稳定并长久不变的意见》，明确了长久不变的政策内涵，即保持土地集体所有、家庭承包经营的基本制度长久不变；保持农户依法承包集体土地的基本权利长久不变；保持农户承包地稳定。第二轮土地承包到期后应坚持延包原则，不得将承包地打乱重分，确保绝大多数农户原有承包地继续保持稳定。对少数存在承包地因自然灾害毁损等特殊情形且群众普遍要求调地的村组，届时可按照大稳定、小调整的原则，由农民集体民主协商，经本集体经济组织成员的村民会议 2/3 以上成员或者 2/3 以上村民代表同意，并报乡（镇）政府和县级政府农业等行政主管部门批准，可在个别农户间作适当调整，但要依法依规从严掌握。现有承包地在第二轮土地承包到期后由农户继续承包，承包期再延长 30 年，以各地第二轮土地承包到期为起点计算。以承包地确权登记颁证为基础，已颁发的土地承包权利证书，在新的承包期继续有效且不变不换，证书记载的承包期限届时做统一变更。对个别调地的，在合同、登记簿和证书上做相应变更处理。继续提倡"增人不增地、减人不减地"。维护进城农户土地承包权益，现阶段不得以退出土地承包权作为农户进城落户的条件。

58. 农村宅基地管理和改革政策

严格落实"一户一宅"，农村村民一户只能拥有一处宅基地，宅基地面积不得超过省、自治区、直辖市规定的标准。人均土地少、不能保障一户拥有一处宅基地的地区，县级人民政府在充分尊重村民意愿的基础上，可以采取措施，按照省、自治区、直辖市规定的标准保障农村村民实现户有所居。农村村民建住宅，应当符合乡（镇）土地利用总体规划、村庄规划，不得占用永久基本农田，并尽量使用原有的宅基地和村内空闲地。编制乡（镇）土地利用总体规划、村庄规划应当统筹并合理安排宅基地用地，改善农村村民居住环境和条件。农村村民住宅用地，由乡（镇）人民政府审核批准；其中，涉及占用农用地的，依照《中华人民共和国土地管理法》办理审批手续。农村村民出卖、出租、赠予住宅后，再申请宅基地的，不予批准。国家允许进城落户的农村村民依法自愿有偿退出宅基地，鼓励农村集体经济组织及其成员盘活利用闲置宅基地和闲置住宅。2017年中央一号文件要求，在充分保障农户宅基地用益物权、防止外部资本侵占控制的前提下，落实宅基地集体所有权，维护农户依法取得的宅基地占有和使用权，探索农村集体组织以出租、合作等方式盘活利用空闲农房及宅基地，增加农民财产性收入。允许地方多渠道筹集资金，按规定用于村集体对进城落户农民自愿退出承包地、宅基地的补偿。2018年中央一号文件提出，要完善农民闲置宅基地和闲置农房政策，落实宅基地集体所有权，保障宅基地农户资格权和农民房屋财产权，适度放活宅基地和农民房屋使用权，不得违规违法买卖宅基地，严格实行土地用途管制，严格禁止下乡利用农村宅基地建设别墅大院和私人会馆。

2019年中央一号文件提出，坚持保障农民土地权益、不得以退出承包地和宅基地作为农民进城落户条件。稳慎推进农村宅基地制度改革，拓展改革试点，丰富试点内容，完善制度设计。按照中央决策部署，2019年制定出台《中央农村工作领导小组办公室 农业农村部关于进一步加强农村宅基地管理的通知》、《农业农村部 自然资源部关于规范农村宅基地审批管理的通知》（农经发〔2019〕6号）、《农业农村部关于积极稳妥开展农村闲置宅基地和闲置住宅盘活利用工作的通知》（农经发〔2019〕4号），启动宅基地管理立法；稳慎推进农村宅基地制度改革试点，开展宅基地三权分置探索；推进农村闲置宅基地和闲置住宅盘活利用，实施闲置宅基地复垦试点项目，探索规范开展闲置宅基地复垦的管理方法，总结可复制的技术模式，建立以保护农民权益、促进乡村振兴为导向的利益分配机制；开展全国农村宅基地和农房摸底调查；配合自然资源部，指导各地按照房地一体的不动产登记要求，加快推进全国宅基地使用权确权登记颁证工作。

59. 推进农村集体产权制度改革政策

2016 年，《中共中央　国务院关于稳步推进农村集体产权制度改革的意见》印发，对农村集体产权制度改革做出总体部署。党的十九大报告明确要求"深化农村集体产权制度改革，保障农民财产权益，壮大集体经济。"党的十九届四中全会进一步强调"深化农村集体产权制度改革，发展集体经济"。近 8 年中央一号文件都对推进这项改革提出明确要求。改革的目标是，逐步构建归属清晰、权能完整、流转顺畅、保护严格的中国特色社会主义农村集体产权制度，建立符合市场经济要求的农村集体经济运行新机制，形成有效维护农村集体经济组织成员权利的治理体系。改革的重点任务包括：一是全面开展农村集体资产清产核资。清查核实资产、厘清债权债务、明确产权归属、健全管理制度，这项工作已于 2019 年底基本完成。二是加快推进经营性资产股份合作制改革。确认农村集体经济组织成员身份，经营性资产以股份或份额形式量化到集体成员，力争到 2021 年底前基本完成改革。三是探索农村集体经济有效实现形式，发挥集体经济组织功能作用，做好新成立集体经济组织登记赋码工作，多种形式发展壮大集体经济。2020 年，全面推开农村集体产权制度改革试点，加强农村集体资产管理，继续扶持 2 万个左右村开展发展壮大集体经济试点示范，加快农村集体资产监督管理平台建设，加强立法调研，完善支持农村集体经济组织的法律政策，确保改革各项目标任务顺利完成。

60. 农村改革试验区建设支持政策

近年来，中央农办、农业农村部贯彻落实习近平总书记关于农村改革扩面、提速、集成的指示精神，主动对标中央关于深化农村改革的任务要求，聚焦实施乡村振兴战略，瞄准束缚农业农村发展的体制机制障碍，推动各试验区进一步加强改革试验工作，加大推进力度，改进方式方法，强化成果提炼转化，当好农村改革的先行军、排头兵。一是深化拓展改革试验内容。主动承接中央新部署的农村改革试验事项，着眼于农村改革和农业高质量发展的前沿性问题，加强对各试验区试点方案指导和把关，统筹推进关联度强、相关性高的试验任务，适度延展试验主题和内容，推动试验区从少数领域单项改革向多领域综合改革转变，实现相关试验区改革举措的系统集成。二是加强改革试验督察指导。会同联席会议成员单位多次赴试验区开展实地调研，督导了解改革试验进展，调度试验任务落实情况，推动解决试点试验中遇到的困难和问题。三是总结提炼改革试验成果。分专题归纳推广做法成熟、适用性强的试点经验，提炼可复制可推广的制度成果，推动向政策转化。筛选制度设计较为完整、改革成效较为明显、具有复制推广价值的典型案例，为全面深化农村改革提供示范。加强基层改革典型宣传，讲好试验区改革创新故事，营造深化改革试验工作舆论氛围。

61. 农垦危房改造政策

农垦危房改造于 2008 年先期在中央直属直供垦区启动实施，2011 年实施范围扩大到全国农垦，以户籍在垦区且居住在垦区所辖区域内危房中的农垦职工家庭特别是低收入困难家庭为主要扶助对象。2011 年，《农业部 国家发展和改革委员会 财政部 国土资源部和住房和城乡建设部关于做好农垦危房改造工作的意见》中明确了改造原则、标准、实施程序、部门职责等政策内容。中央对农垦危房改造给予补助，根据垦区所处区域经济社会发展状况，东部省份每户补助 6 500 元，中部省份每户补助 7 500 元，西部省份每户补助 9 000 元；省级财政以中央和省级补助合计不低于 15 000 元标准进行配套，市县级财政、垦区和农场根据经济承受能力适当配套。此外，中央财政还安排一定规模的中央资金，支持各地开展供排水、道路等配套基础设施建设，具体规模由各省发改、住建部门统筹安排。

62. 村级公益事业一事一议财政奖补政策

一事一议筹资筹劳制度是农村税费改革后建立的村级公益事业建设投入机制。为鼓励农民、农村集体经济组织和社会组织开展村级公益事业建设，政府对一事一议筹资筹劳开展村级公益事业建设进行奖励或补助，奖补资金主要由中央和省级以及有条件的市、县财政安排；奖补范围主要包括农民直接受益的村内农田水利基本建设、村内道路、环卫设施、植树造林等公益事业建设，优先解决群众最需要、见效最快的公益事业建设项目；奖补方式主要由县级政府确定，既可以是资金奖励，也可以是实物补助。通过推广一事一议筹资筹劳和财政奖补，鼓励农民对村内直接受益的乡村基础设施建设投工投劳，让农民更多参与建设管护，建立政府、村集体、村民等各方共谋、共建、共管、共评、共享机制。

63. 高素质农民培育政策

2020 年，中央财政投入 20 亿元继续在全国开展高素质农民培育工作，实施农民培训提质增效三年行动，办农民满意的教育。一是实施高素质农民培育计划。分类分层分模块开展培训，重点培养产业扶贫带头人、新型农业经营服务主体、返乡入乡创新创业者、专业种养加能手等，全年计划培训 100 万人次。中央财政按人均 3 500 元标准补助农民参加培训。同时，将组织评选优秀学员，树立一批致富带富典型。二是实施高素质农民学历提升行动。以基层组织带头人、乡村产业带头人及青年后备农民为重点，量身定制培养方案，实施一批定向培养计划。开展 100 所重点院校创建行动，推动职业院校涉农专业改革，满足农民群众日益增长的学历提升需求。三是创新支持农民发展。鼓励农民组建专业协会、产业联盟等，促进农民合作发展。推进农民培育与金融担保、电商营销等服务相衔接，依托云平台提供技术、政策、信息等综合性服务。多形式搭建交流平台，创新举办农民技能大赛，宣传展示农民风采。

64. 培养农村实用人才政策

2020 年，农业农村部加快推进农业农村人才队伍建设，为全面建成小康社会提供强有力人才支撑。继续实施农村实用人才带头人和大学生村官示范培训项目，全部面向贫困地区实施，培训对象覆盖所有国定贫困县，重点遴选贫困村党组织书记、村委会主任、大学生村官、党员骨干以及新型农业经营主体负责人、农村创业带头人等作为培训对象，采取"村庄是教室、村官是教师、现场是教材"的培训模式，帮助广大学员开阔视野、转变观念，提升致富带富能力。开展 2020 年度"全国十佳农民""农业科教兴村杰出带头人"等资助项目遴选，对在实施乡村振兴战略中发挥示范带动作用的优秀农民代表给予资助。

65. 基层农技推广改革与建设补助政策

2020 年，中央财政继续安排经费支持各地加强基层农技推广体系改革与建设。推动各地提高农技人员待遇、改善推广条件，强化基层农技推广公益性职能履行。建立公益性推广和经营性服务融合发展机制，引导农技人员进入家庭农场、合作社、农业企业，提供技术增值服务并合理取酬。结合农业农村部主推技术和本省农业农村经济发展重大技术需求，各省组织示范推广

3~5项优质绿色高效技术模式，以县域为单元，组建专家团队，形成技术操作规范，落实到试验示范基地、农技人员和示范主体，实现技术快速入户到田。加强农技推广信息化建设，充分发挥"中国农技推广"App作用，实现专家、农技人员和农民在线互动，实时解答生产技术难题；加强补助项目在线绩效管理和实施情况展示。深入实施农业重大技术协同推广计划试点。建设一批国家农业科技示范展示基地。强化产业扶贫科技支撑和人才保障，聚焦贫困地区优势特色产业发展技术需求，实施贫困地区特聘农技员计划实施全覆盖，贫困村农技服务全覆盖，全面提升农技服务效能和水平。

第二节　农业税收优惠政策

为支持农业发展，国家出台了一系列税收优惠政策。

一、增值税优惠

（1）从事蔬菜批发、零售的纳税人销售的蔬菜免征增值税。政策依据：《财政部　税务总局关于免征蔬菜流通环节增值税有关问题的通知》（财税〔2011〕137号）。

（2）纳税人提供农业机耕、排灌、病虫害防治、植物保护、农牧保险以及相关技术培训业务，家禽、牲畜、水生动物的配种和疾病防治，免征增值税。这其中的"相关技术培训"包括与农业机耕、排灌、病虫害防治、植物保护业务相关以及为使农民获得农牧保险知识的技术培训业务。所以只要符合上述规定的相关要求，即可享受免征增值税的税收优惠政策。政策依据：《财政部　国家税务总局关于全面推开营业税改征增值税试点的通知》（财税〔2016〕36号）。

二、印花税优惠

国家指定的收购部门与村民委员会、农民个人书立的农副产品收购合同免征印花税。政策依据:《中华人民共和国印花税暂行条例施行细则》第十三条。

三、房产税和城镇土地使用税优惠

2019 年 1 月 1 日至 2021 年 12 月 31 日,对农产品批发市场、农贸市场(包括自有和承租)专门用于经营农产品的房产、土地,暂免征收房产税和城镇土地使用税。

政策依据:《财政部　税务总局关于继续实行农产品批发市场　农贸市场房产税　城镇土地使用税优惠政策的通知》(财税〔2019〕12 号)。

第三节　农业基本法规

一、法的概念

法是由国家制定、认可并保证实施的,反映由特定物质生活条件所决定的统治阶级意志,以权利与义务为内容,以确认、保护和发展统治阶级所期望的社会关系及社会秩序为目的的行为规范体系。

法的基本特征包括以下 4 个方面。

(1) 法是调整人的行为或社会关系的规范。

(2) 法是国家制定或认可,并具有普遍约束力的社会规范。

(3) 法是以国家强制力保证实施的社会规范。

(4) 法是规定权利和义务的社会规范。

广义的法律与法同义。狭义的法律专指全国人民代表大会和全国人民代表大会常务委员会制定的法律规范。

二、法的表现形式及其分类

根据宪法和有关法律的规定，我国法律的主要形式有：宪法、法律、行政法规、地方性法规、自治条例、单行条例、行政规章、特别行政区的法、国际条约等。

对法律种类的划分，从不同角度来看，有不同的划分方法。从法律的文字表现形式方面划分，可分为成文法和不成文法；从法律的适用范围方面划分，可分为普通法和特别法；从法律制定的主体方面划分，可分为国际法和国内法；从法律的内容方面划分，可分为实体法和程序法等。

三、农业、农村法律体系框架构成

改革开放以来，依照《中华人民共和国宪法》，我国在调整农民、农业和农村各类社会关系方面，已先后制定和修改了《中华人民共和国农业法》（简称《农业法》）等20多部法律，70多部行政法规以及相关的一系列法律法规。一个具有中国特色的农业、农村法律制度框架已初步形成，在"三农"方面基本做到了有法可依。

（1）从立法效力关系上进行界定，我国农业、农村法律体系框架构成可以分为5个部分。

①《农业法》：作为农业基本法，主要就农业和农村经济的基本制度和农业发展的一些方向性问题进行较为原则的规定。

②专业法律：就农业和农村经济中的特定经济关系或某个领域的基本问题进行规定的与《农业法》相配套的专门法律。

③行政法规：为实施专门法律而制定的配套性行政法规和法

律没有或没有明确的具体规定，凡涉及全国性农业和农村经济中的重大具体问题或涉及重大方针、政策性具体问题或涉及几个部门的具体问题，由国务院以行政法规加以规定。

④地方性法规：为保证宪法、法律和行政法规在本区域的有效实施和规范本区域农业和农村经济中的特殊经济关系或基本问题而制定的地方性法规。

⑤部门规章和地方规章：部门规章在全国普遍适用，而地方规章则只适用本区域范围。

（2）从涉农关系看，农业、农村适用的法规体系框架也可分为10个部分。

①农业基本法律制度包括：《农业法》。

②农产品生产与经营法律制度包括：《中华人民共和国农业技术推广法》《中华人民共和国种子管理条例》《中华人民共和国农业部关于肥料、土壤调理剂及植物生长调节剂检验登记的暂行规定》《肥料登记管理办法》《中华人民共和国农药管理条例》《饲料和饲料添加剂管理条例》《中华人民共和国兽药管理条例》《农业机械安全监督管理条例》《中华人民共和国食品安全法》《中华人民共和国农产品质量安全法》《中华人民共和国动物防疫法》《中华人民共和国进出境动植物检疫法》《植物检疫条例》《种畜禽管理条例》《乳品质量安全监督管理条例》《中华人民共和国农民专业合作社法》《中华人民共和国合伙企业法》。

③农业知识产权法律制度包括：《中华人民共和国植物新品种保护条例》《中华人民共和国商标法》《中华人民共和国反不正当竞争法》《地理标志产品保护规定》《农产品地理标志管理办法》等。

④农村土地承包与纠纷解决法律制度包括：《中华人民共和国农村土地承包法》《中华人民共和国农村土地承包经营纠纷调

解仲裁法》等。

⑤农业资源与环境保护法律制度包括：《中华人民共和国环境保护法》《中华人民共和国土地管理法》《中华人民共和国水法》《中华人民共和国渔业法》《中华人民共和国草原法》《中华人民共和国森林法》等。

⑥农村金融、税收法律制度包括：《中华人民共和国保险法》《农业保险条例》《工伤保险条例》和我国税收法律制度中有关农业税收部分等。

⑦农村法律教育制度包括：《中华人民共和国义务教育法》《中华人民共和国教师法》《教师资格条例》《幼儿园管理条例》等。

⑧农民婚姻家庭继承法律制度包括：《民法典》《中华人民共和国妇女权益保障法》等。

⑨农村社会保障制度包括：《国务院关于开展新型农村社会养老保险试点的指导意见》《关于建立新型农村合作医疗制度的意见》等。

⑩农村基层组织法律制度包括：《中华人民共和国村民委员会组织法》《中华人民共和国全国人民代表大会和地方各级人民代表大会选举法》《村民一事一议筹资筹劳管理办法》等。

第四章　产业化经营与管理

第一节　产业化经营的内涵与特点

一、产业化经营的内涵

"产业"这个概念在英语词汇中与"工业"是一个词，在汉语词汇中也含有"工业生产"的意思。因此，产业化也就有了工业化的含义。

产业化就是在发展现代农业的过程中，打破部门分割，促进专业分工，重构农业产业价值链，实现农产品的转换增值，使农业逐渐成为一个产、加、销一条龙，贸、工、农一体化的完整的、现代意义上的产业。具体来讲，产业化就是在稳定家庭承包经营的前提下，以国内外市场为导向，以提高经济效益为中心，对当地农业的支柱产业和主导产品实行区域化布局、专业化生产、一体化经营、社会化服务和企业化管理，把产供销、种养加、贸工农、农科教紧密结合起来，形成一条龙的农业经营体制和各具特色的"龙"型生产经营体系，通过龙头企业把农户的生产经营与国内外市场连接起来，将农产品从生产到消费的各环节有机联成一个完整的产业链条，使龙头企业与农民结成利益共享、风险共担的经济共同体。产业化经营是在家庭经营的基础上实现农业规模化、集约化经营，促进农业生产向专业化、商品化、社会化转变，最终实现农业现代化的基本途径。

二、产业化经营的特点

1. 专业化生产

农业生产专业化包括 3 种类型：一是农业经营主体的专业化。各农业经营主体逐步摆脱"小而全"的生产方式，转向专门或主要为市场生产提供某种或某类农产品。二是农业生产过程的专业化，即农产品生产全过程中不同生产工艺由若干具有相对优势的专门经营主体分别完成。这种分工方式符合农艺过程专业化的要求。三是农业生产的区域化布局。

2. 区域化布局

区域化布局就是依据区域比较优势，将农业产业经营中的主导产业或生产系列按照"一乡一业""一村一品""数村一品"的原则，设立专业化小区，重点发展具有区位优势的特色农产品，并按小区进行农业资源要素配置，发展商品农产品生产基地，提高农业规模聚集效益。

3. 一体化经营

一体化经营就是产业化龙头企业通过合同契约把从事农业生产资料供应、农产品生产以及加工、储藏、运输、销售的诸多企业与农户整合在一起，共同构筑农业产业价值链，从而将长期割裂的农业产前、产中、产后环节重新联结起来，形成各具特色的"龙"型生产经营体系。

4. 社会化服务

它是指通过一体化组织，不仅可以利用龙头企业的资金、技术和管理优势，还可组织有关农业科研机构、技术推广部门对共同体内各个组成部分提供产前、产中、产后的信息、技术、经营、管理等全程服务，促进各要素紧密有效结合，最大限度提高经济效益。

5. 企业化管理

企业化管理就是通过"公司+农户""公司+合作社+农户"等方式，依靠龙头企业带动，将个体农户聚集在产业价值链上，形成具有工业化特征的"柔性经营综合体"，通过合同契约，参股分红，全面成本效益核算，对全系统的营运实行组织化、企业化管理。

第二节 产业化经营模式

一、龙头企业带动型（公司+基地+农户）

龙头企业带动型的产业化经营是以农产品的加工、储藏、运销企业为龙头，围绕一个产业或一种产品，实行产、加、销一体化经营的产业化经营模式。龙头企业外辖国内外市场，内辖农产品生产基地与农户，形成一种"公司+基地+农户"的产业组织形式，在这种产业化经营的组织模式下，经济利益主体主要是龙头企业和农户两方。龙头企业和农户之间的利益连接方式主要是合同契约，利益分配主要是保护价让利、纯收益分成等。

二、中介组织带动型（中介组织+农户）

中介组织带动型的产业化经营模式是以从事统一农业生产项目的若干农户按照一定的章程联合起来，组建多种形式的农民专业合作经济组织，如蔬菜专业协会、养鸡协会、葡萄专业合作社、花卉销售合作社等，在这些中介组织的带动下，进行农产品产、加、销一体化经管的产业化经营模式。在这种产业化经营的组织形式下，经济利益主体主要是中介组织与农户两方。他们之间的经济利益通过组织章程及合同连接起来。中介组织的盈余，在提取一定积累后，一部分按交易量返还给成员，另一部分按成员入社股金进行分红。

三、市场带动型（专业市场+农户）

市场带动型是以专业市场或专业交易中心为依托，形成商品流通中心、信息交流中心和价格形成中心，带动区域专业化生产，实行农产品的产、加、销一体化经营，从而扩大生产规模，形成产业优势，节省交易成本，提高营运效率。

四、合作经济组织带动型（农民专业合作社或专业协会+农户）

专业合作经济组织带动型是农民自己创办专业合作社或专业协会等合作经济组织，使其在产业化经营中为农民提供产前、产中及产后的多种服务，一方面为入社农户统一提供生产资料、信息、服务，帮助农户解决生产资金，另一方面组织入社农户统一生产、统一加工、统一包装、统一价格销售，参与专业化、商品化的农业生产经营，解决了个体农户分散生产、实力弱小，进入市场渠道不畅的问题。

五、科技带动型（科研单位+农户）

科技带动型的产业化经营模式是以科技单位为龙头，以先进技术的推广应用为核心，在科技龙头的带动下，实现农产品产、加、销一体化经营的产业化经营模式。在这种产业化经营的组织形式下，主要的利益主体是科研机构与农户两方。在这种组织模式中，收益按比例分成。

六、主导产业带动型（主导产业+农户）

主导产业带动型农业生产化经营模式是从利用当地资源，发展特色产业和优势产品出发，发展"一乡一业""一村一品"或"数村一品"，形成生产、加工、销售一体化经营的农业产业集群或产业价值链。在这一产业化经营组织形式下，农产品加工者、营销者与生产者（农户）之间的连接关系是相当松散的，它们之间没有成文的合同约束，互相之间的经济利益是靠市场交换联系起来的，从相互之间的公平买卖，等价交换中，实现了各自的经济利益。

由此可见，可供选择的产业化经营模式类型多样，农业企业应因地制宜地选择适合自己的经营模式，并在市场化、产业化的发展过程中不断创新完善。

第三节　产业化经营的组织与管理

一、产业化经营的运行机制

1. 利益分配机制

产业化经营的利益分配机制主要有以下 3 种情形。

（1）公司型龙头企业与农户之间的利益分配机制。第一种是松散型分配机制，按照市场交换原则相互进行平等交易，与一般市场买卖关系相类似；第二种是紧密型分配机制，龙头企业按照系统内非市场安排与市场机制相结合的方式，对农户提供服务，并按内部合同保护价收购农户的产品，农户即可获得交售农产品的一般利润，还能得到一定利润返还。

（2）合作经济组织内部的利益分配机制。合作经济组织内部的利益分配，一般按合作社或协会章程和合作合同规定进行。农户作为专业合作社或专业协会的成员，从合作经济组织中得到信息、科技、加工、运销服务。农户既是农业共营系统中的生产者，又是合作经济财产的共有人，合作社的盈余分配一般按合作社与成员的交易量或交易额按比例返还。

（3）股份合作制经济组织与农户之间的利益分配机制。许多地方的合作经济组织和集体经济组织，发展产业化经营，引入了股份制，形成股份合作制经济或股份制集体经济。其中，农户既是生产者又是股东，一方面获得作为生产者的利益，另一方面又按股分红，得到投资回报。农民自办的股份经济组织与此相类似。

2. 营运约束机制

（1）市场约束机制。产业化经营各参与主体面对千变万化的大市场，都有原料供应或产品销售方面的风险。市场一般从需求、价格、竞争等方面约束产业化经营。产业化经营组织只有做到按需生产，才能有效避免价格波动带来的风险。产业化经营组织可在当地建立专业市场、发布网络信息，招引天下客商，也可建立渠道、网点等。

（2）合同约束机制。合同或协议一经签订就具有连续性、稳定性与法律效力。合同约束机制是产业化经营普遍采用的运行方式。龙头企业与基地（村）和农户签订的产销合同、资金扶持合同、土地流转合同以及技术成果引进推广合同等，都明确规定了各方的权利和义务，双方必须诚实守信，严格履约，确保双方的合法权益不受侵害。

（3）专业承包约束机制。有的地方将一体化经营分为 2 部分：一部分是农产品加工和运销，实行公司制经营，向国内外市场出售其制成品；另一部分是种植业初级产品生产，在坚持家庭联产承包经营体制的前提下实行专业承包经营，以所属公司为甲方，专业承包大户为乙方，签订专业承包合同，规定甲乙双方在农业生产经营中的责权利。甲方为乙方提供各种服务，乙方实行科学种田，完成所承担的生产任务。

（4）管理约束机制。在产业化经营系统中，企业与企业之间、企业与农户之间实行股份合作，互相参股；有的农户以土地、资金、技术向企业参股，形成新的资产关系。龙头企业演化成为股份合作制法人实体，而入股农户则成为企业的股东和企业车间型经营单位，他们相互依存、共兴共荣。入股农户不仅可以凭股分红，还能从龙头企业以低于市场价的价格采购到生产资料。因此，无论是股份制还是合作制，都要建立民主管理体制。

3. 基本保障机制

（1）组织保障。是否建立稳定的组织，是判断某个经营实体是否实施产业化经营的一个重要标准，也是制定与执行各种制度的承担者和重要保证者。首先，产业化经营组织载体，特别是合格的龙头企业极为重要，因为它是制度的制定者和主要执行者；其次，农民专业合作社、农产品专业协会与其他联合自助组织同样重要。农民的组织化程度越高，制度效率和经营效率就越高，经营过程中的交易成本就越低。

（2）制度保障。产业化经营系统要健全有关规章制度，如合同产销制度、价格保护制度、风险基金制度等。合同产销制度是订单农业的具体体现，实行合同产销制度可以减少生产的盲目性，真正体现以销定产，按需生产。价格保护制度是在农产品产销合同中以完全成本加平均利润的基准明确规定所收购农产品的价格，避免因市场价格波动对农户利益造成损失。风险基金制度则是为防范农业的自然风险和市场风险而由龙头企业自建或是由龙头企业、政府、农户共建的一种保障制度，目的是将农业的经营风险降到最低限度。

（3）非市场安排。农业产业经营系统内非市场安排是龙头企业与参与农户之间的一种特殊利益关系，也是一种特殊的资源配置方式。这种特殊安排是保证产业化经营系统再生产过程连续有序运行，保证系统内各利益主体权益稳定的重要手段。主要内容有资金扶持、低价供应或赊销农业生产资料等。

二、产业化经营的组织实施

实施产业化经营，应重点抓好以下 5 个关键环节。

1. 因地制宜，确定区域特色优势产业

市场经济条件下，区域主导产业的确定是实施产业化经营的重要前提。确定主导产业要遵循因地制宜、扬长避短的原则，以市场为导向，立足本地的资源禀赋条件和特色优势，发展各具特色、布局合理的优势产业和产品，从而形成区域性特色主导产业。如甘肃的玉米制种、酿造原料、马铃薯、中药材生产基地；新疆的优质彩棉、糖料生产基地；四川的优质亚热带水果生产基地；云南、贵州的花卉、烟草生产基地；青海、西藏的草地畜牧业生产基地等都是从当地资源优势出发，以市场为导向确定的区域性主导产业。

2. 积极培育农村市场，大力扶持龙头企业

在产业化经营中，农户深感信息闭塞，渠道不畅，生产的农产品销售困难。许多乡镇至今尚无成形的农产品集散市场，农户为销售产品，只好将自己的产品运送到有市场的乡镇，这不仅造成利润的外流，而且增加了农民的运输成本、时间成本。因此，各级地方政府应大力发展农产品批发市场，重点加强仓储、保鲜、运输、加工等基础设施建设，增强市场的配套服务功能，有重点、有针对性地进行贯穿城乡、辐射全国、带动功能强的农产品专业批发市场建设，为产业化经营创造良好的市场环境。

3. 切实抓好商品农产品基地建设

商品农产品基地是龙头企业的依托，也是产业化经营的基

础。因此，各地要从自身实际出发，通过调整农业产业结构、优化区域布局，有计划、有步骤地加强农产品商品基地建设，要突出区域特色，选准主攻方向，培育支柱产业，发展特色产品，逐步形成与资源特点和市场需求相适应的区域化经济格局。

4. 建立完善务实高效的农业社会化服务体系

农业社会化服务体系是实施产业化经营的重要环节。因此，要逐步建立起以农民专业合作经济组织为基础，以农业经济技术部门为依托，以农民自办服务实体为补充的多行业、多经济成分、多形式、多层次、高效率、功能齐全、设施配套的农业社会化服务体系，强化农业产前、产中、产后的系列化配套服务，以确保产业化经营的持续稳定发展。

5. 完善内部经营机制，正确处理产业化内部的利益分配关系

以经济利益为纽带，形成利益共享，风险共担的分工协作关系是产业化经营持久发展的内在动力。因此，应按照市场经济的运行机制，正确处理龙头企业与农户、龙头企业与其他服务组织的关系。应本着欲取先予、让利于民的原则，在产业系统内部统一核定农副产品价格，企业把加工销售环节的部分利润返还给农民；通过预付定金、赊销化肥、种子、饲料、苗木等生产资料，扶持农民进行规模化、标准化生产。积极探索利用契约方式发展订单农业的运行机制，使产业化经营组织真正成为风险共担、利益共享的经济共同体。

第五章 财务管理

第一节 资金的筹集

农民创业，除了做好一些基本工作之外，重要的是创业资金的筹集。拥有的资金越多，可选择的余地就越大，成功的机会就越多。而没有资金，一切就无从谈起。筹措资金的方法多种多样，比较常见的有以下4种。

一、自有资金

创业者在创业初期，更多的是依赖自有资金，而且，只要拥有一定的自有资金，才有可能从外部引入资金，尤其是银行贷款。

外部资金的供给者普遍认为，如果创业者自己不投入资金，完全靠贷款等方式从外部获得资金，那么创业者就不可能对企业的经营尽心尽力。一位资深的银行贷款项目负责人毫不掩饰地说："我们要企业拥有足够的资金，只有这样，在企业陷入困境的时候，经营者才会想方设法去解决问题，而不是将烂摊子扔给银行一走了之。"至于自有资金的数量，外部资金供给者主要是看创业者投入的资金占其全部可用资金的比例，而不是资金的绝对数量。很显然，一位创业者如果把自己绝大部分的可用资金投入即将创办的企业，就标志着创业者对自己的企业充满信心，并意味着创业者将为企业的成功付出全部的努力。这样的企业才有成功、发展的可能，外部资金供给者的资金风险就会降至最低。

另外，创业者自己投入资金的水平还取决于自己和外部资金供给者谈判时所处的谈判地位。如果创业者在某项技术或某种产品方面具有大家认同的巨大市场价值，创业者就有权自行决定自有资金投入的水平。

二、亲戚和朋友的投入

在创业初期，如果技术不成熟，销售不稳定，生产经营存在很多的变数，企业没有利润或者利润甚微，而且由于需要的资金量较少，则对银行和其他金融机构来说缺乏规模效益，此时，外界投资者很少愿意涉足这一阶段的融资。因此，在这一阶段，除了创业者本人，亲戚或朋友的投入就是最主要的资金来源。

但是，从亲戚和朋友那里筹集资金也存在不少的缺点，至少包括以下 4 个方面。

（1）他们可能不愿意或是没有能力借钱给创业者，往往碍于情面而不得不借。

（2）在他们需要用钱的时候，他们可能因创业者的企业出现资金紧张而不好意思开口要求归还，或者创业者实在拿不出钱来归还。

（3）创业者的借款有可能危害到家庭内的亲情以及朋友之间的友情，一旦出现问题，可能连亲戚朋友都做不成。

（4）如果亲戚或朋友要求取得股东地位，就会分散创业者的控制权，若再提出相应的权益甚至特权要求，有可能对雇员、设施或利润产生负面的影响。例如，有才能的雇员可能觉得企业里到处都是裙带关系，使同事关系、工作关系的处理异常复杂，即使自己的能力再强，也很难有用武之地，逐渐萌生去意；亲戚或朋友往往利用某种特殊的关系随意免费使用企业的车辆，公车变成了私车。

一般来说，亲戚或朋友不会是制造麻烦的投资者。事实上，创业者往往找一些志同道合，并且在企业经营上有互补性的朋友通过入股并直接参与经营管理，从而为企业建立一支高素质的经营管理团队，以保证企业的发展潜力。

为了尽可能减少亲戚朋友关系在融资过程中出现问题，或者即使出现问题也能减少对亲戚朋友关系的负面影响，有必要签订一份融资协议。所有融资的细节（包括融资的数量、期限和利率，资金运用的限制，投资人的权利和义务，财产的清算等），最终都必须达成协议。这样既有利于避免将来出现矛盾，也有利于解决可能出现的纠纷。完善各项规章制度，严格管理，必须以公事公办的态度将亲戚或朋友与不熟悉的投资者的资金同等对待。任何贷款必须明确利率、期限以及本息的偿还计划。利息和红利必须按期发放，应该言而有信。

亲戚和朋友对创业者可能提供直接的资金支持，也可能出面提供融资担保以便帮助创业者获得所需要的资金，这对创业者来说同等重要。

三、银行贷款

银行很少向初创企业提供资金支持，因为风险太大。但是，在创业者能提供担保的情况下，商业银行是初创企业获得短期资金的最常见的融资渠道。如果企业的生产经营步入正轨，进入成长阶段的时候，银行也愿意为企业提供资金。所以有人认为，银行应视为一种企业成长融资的来源。

1. 银行贷款类型

商业银行提供的贷款种类可以根据不同的标准划分。我国目前的主要划分方式有以下 2 种。

（1）按照贷款的期限划分为短期贷款、中期贷款和长期贷款。在用途上，短期贷款主要用于补充企业流动资金的不足；中、长期贷款主要用于固定资产和技术改造、科技开发的投入。在期限上，短期贷款在 1 年以下；中期贷款在 1 年以上 5 年以下；长期贷款在 5 年以上。短期贷款利率相对较低，但是不能长期使用，短期内就需要归还；中、长期贷款利率相对较高，但短期内不需要考虑归还的问题。企业应该根据自己的需要，合理确定贷款的期限。但有一点必须遵守的是：不能将短期贷款用于中、长期投资项目，否则企业将可能面临无法归还到期贷款的尴尬局面，有损企业的信誉。在创业初期，企业从银行获得的贷款主要是短期贷款或中期贷款。

（2）按照贷款保全方式划分为信用贷款和担保贷款。信用贷款是指根据借款人的信誉发放的贷款。担保贷款又可以根据提供的担保方式不同分为保证贷款、抵押贷款和质押贷款。保证贷款是指以第三人承诺在借款人不能归还贷款时按约定承担一般责任或连带责任为前提而发放的贷款。抵押贷款是指以借款人或第三人的财产作为抵押物而发放的贷款。质押贷款是指以借款人或第三人的动产或权利作为质物而发放的贷款。在创业初期，企业从银行获得贷款绝大部分都要求提供银行认可的担保。

2. 农村银行金融机构

农村银行业金融机构，主要包括农业银行及其分支机构、农业发展银行及其分支机构、各商业银行在县域内的分支网点、邮政储蓄银行、农村合作银行、农村信用社、村镇银行等金融机构。

（1）农村信用社。农村信用合作社是银行类金融机构。银行类金融机构又叫作存款机构和存款货币银行，其共同特征是以吸收存款为主要负债，以发放贷款为主要资产，以办理转账结算为主要中间业务，直接参与存款货币的创造过程。

农村信用合作社又是信用合作机构。信用合作机构是由个人集资联合组成的、以互助为主要宗旨的合作金融机构，简称"信用社"，以互助、自助为目的，在社员中开展存款、放款业务。信用社的建立与自然经济、小商品经济发展直接相关。由于农业生产者和小商品生产者对资金的需要存在季节性、零散、小数额、小规模等特点，使小生产者和农民很难得到银行贷款的支持，但客观上生产和流通的发展又必须解决资本不足的困难，于是就出现了这种以缴纳股金和存款方式建立的互助、自助的信用组织。

农村信用合作社是由农民入股组成，实行入股社员民主管理，主要为入股社员服务的合作金融组织，是经中国人民银行依法批准设立的合法金融机构。农村信用社是中国金融体系的重要组成部分，其主要任务是筹集农村闲散资金，为农业、农民和农村经济发展提供金融服务。同时，组织和调节农村基金，支持农业生产和农村综合发展，支持各种形式的合作经济和社员家庭经济，限制和打击高利贷。

（2）农村商业银行。农村商业银行是由辖内农民、农村工商户、企业法人和其他经济组织共同入股组成的股份制的地方性金融机构。在经济比较发达、城乡一体化程度较高的地区，"三农"的概念已经发生很大的变化，农业比重很低，有些甚至占5%以下，作为信用社服务对象的农民，虽然身份没有变化，但大都不再从事以传统种养耕作为主的农业生产和劳动，对支农服务的要求较少，信用社实际也已经实行商业化经营。对这些地区的信用社，可以实行股份制改造，组建农村商业银行。

（3）农村合作银行。农村合作银行是由辖内农民、农村工商户、企业法人和其他经济组织入股，在合作制的基础上，吸收股份制运作机制组成的合作制的社区性地方金融机构。与农村商业银行不同，农村合作银行是在遵循合作制原则的基础上，吸收股份制的原则和做法而构建的一种新的银行组织形式，是实行合作制的社区性地方金融机构。

（4）中国农业银行。中国农业银行是国际化公众持股的大型上市银行，是中国四大银行之一。最初成立于 1951 年，是新中国成立的第一家国有商业银行，也是中国金融体系的重要组成部分，总行设在北京，数年来，中国农业银行一直位居世界五百强企业之列，在"全球银行 1 000 强"中排名前 7，穆迪信用评级为 A1。2009 年，中国农业银行由国有独资商业银行整体改制为现代化股份制商业银行，并在 2010 年完成"A+H"两地上市，总市值位列全球上市银行第五。

中国农业银行的前身最早可追溯至 1951 年成立的农业合作银行。中国农业银行相继经历了国家专业银行、国有独资商业银行和国有控股商业银行等不同发展阶段。1994 年分设中国农业发展银行，1996 年农村信用社与中国农业银行脱离行政隶属关系，中国农业银行开始向国有独资商业银行转变。2009 年 1 月 5 日，中国农业银行整体改制为股份有限公司，完成了从国有独资银行向现代化股份制商业银行的历史性跨越；2010 年 7 月，中国农业银行股份有限公司在上海、香港两地面向全球挂牌上市，成功创造了截至 2010 年全球资本市场最大规模的 IPO，募集资金达 221 亿美元。这标志着农业银行改革发展进入了崭新时期，也标志着国有大型商业银行改革上市战役的完美收官。

中国农业银行致力于建设面向"三农"、城乡联动、融入国际、服务多元的一流商业银行。中国农业银行凭借全面的业务组合、庞大的分销网络和领先的技术平台，向广大客户提供各种公司银行、零售银行产品和服务，同时开展自营及代客资金业务，业务范围还涵盖投资银行、基金管理、金融租赁、人寿保险等领域。

（5）中国农业发展银行。中国农业发展银行是直属国务院领导的我国唯一的一家农业政策性银行，成立于1994年11月，其职能定位为：以国家信用为基础，筹集农业政策性信贷资金，承担国家规定的农业政策性金融业务，代理财政性支农资金的拨付，为农业和农村经济发展服务。中国农业发展银行实行独立核算，自主、保本经营，企业化管理。

中国农业发展银行的主要任务是：按照国家的法律、法规和方针、政策，以国家信用为基础，筹集农业政策性信贷资金，承担国家规定的农业政策性和经批准开办的涉农商业性金融业务，代理财政性支农资金的拨付，为农业和农村经济发展服务。中国农业发展银行在业务上接受中国人民银行和中国银行业监督管理委员会的指导和监督。中国农业发展银行的业务范围，由国家根据国民经济发展和宏观调控的需要并考虑到中国农业发展银行的承办能力来界定。中国农业发展银行成立以来，国务院对其业务范围进行过多次调整。

（6）中国邮政储蓄银行。中国邮政储蓄银行于2007年3月20日正式挂牌成立，是在改革邮政储蓄管理体制的基础上组建的商业银行。中国邮政储蓄银行承继原国家邮政局、中国邮政集团公司经营的邮政金融业务及因此而形成的资产和负债，并将继续从事原经营范围和业务许可文件批准、核准的业务。2012年2月27日，中国邮政储蓄银行发布公告称，经国务院同意，中国邮政储蓄银行有限责任公司于2012年1月21日依法整体变更为中国邮政储蓄银行股份有限公司。

3. 贷款的条件

贷款人申请贷款时应该提供以下基本问题的答案：贷款数量，贷款理由，贷款时间的长短，如何偿还贷款等。

贷款的数量首先应该根据自己的实际需要来确定，太少会影响到企业的经营运作，太多又会造成不必要的浪费，还要承担高额的利息负担；其次应该根据自有资金的多少来决定。如果某一笔贷款超过企业资产的50%，这个企业实质上将更多地属于银行而不属于贷款人。银行一般希望贷款人投入更多的自有资金。第一，投入更多的自有资金使所有者对企业更加负责，更有责任感，因为企业失败的话，损失最大的是所有者。第二，如果企业没有足够的资金，也没有其他投资者愿意投入资金，这只能说明所有者和其他潜在投资者都缺乏信心，要么企业没有价值，要么经营者缺乏经营技巧，而这些对一家企业的成功是非常重要的。第三，银行想在企业一旦破产的情况下保护自己的利益。当企业破产倒闭时，债权人可以通过法院的清算来索取属于自己的权益，也就是分配企业的破产财产。若所有者投入的资金越多，债权人的权益就越能得到保障。

贷款的理由主要是指贷款获得的资金准备用来做什么。明确贷款用途，有利于银行尽快地审批。如果用于购买固定资产等资本性支出，即使企业破产还能回收或出售该资产，银行较愿意提供贷款；如果用于支付水电费、人员工资、租金等收益性支出，银行可能不太情愿。同时，银行会要求企业按照贷款合同规定的用途使用资金。企业一旦违背合同，银行会要求提前终止合同。

贷款时间的长短与贷款的理由有密切联系。如果贷款资金准备用于购买固定资产等长期资产，贷款的期限往往较长，属于中、长期贷款，但是贷款期限很少会超过这类资产的预期使用寿命。如果贷款资金用于购买原材料、支付应付账款等，贷款期限往往只有几个月，也就是补充流动资金的不足。银行很少会发放超过 5 年的贷款，除非用于购置房屋等建筑物。所以贷款人不得不向银行证明企业有能力在 5 年内偿还贷款。

如何偿还贷款就是指企业准备采用什么方式来偿还。具体来说，就是采用分期还本付息、先分期付息后一次性还本，还是到期一次性还本付息。

从银行获得贷款后必须记住下面 3 点：一是应该为企业的资产购买保险，这样，即使出现火灾等意外损失也能从保险公司得到补偿。二是必须严格按照借款合同的规定使用贷款资金；银行会要求企业定期提供反映企业财务情况的可靠的财务报表，银行也可能要求企业在处置重要资产前先经过银行的同意。三是应该保持足够的流动资金（比如现金、存货、应收账款等），确保良好的清偿能力，避免因无力清偿而损害企业的声誉。

4. 担保贷款

初创企业向银行申请贷款，几乎无一例外都被要求提供适当担保。如果企业是一家独资企业或合伙企业，银行还会要求各出资人提供自己的财产情况。如果到期企业不能偿还所借款项及利息，银行除了要求对企业采取法律行动以外，还要求出资人偿还该笔贷款及利息。如果企业设立为有限责任公司或股份有限公司，银行也可能要求主要股东提供个人的财产情况，甚至要求主要股东以个人名义签署贷款，而不是直接借给公司。这样的做法和独资企业或合伙企业类似，将会形成个人的负债，最终由个人承担无限责任。这就需要股东个人以其所拥有的全部财产为企业的融资提供担保。

按照《中华人民共和国担保法》的有关规定，向银行申请贷款提供的担保方式主要有以下 3 种。

（1）保证。保证是由第三人（保证人）为借款人的贷款履行作担保，由保证人和债权人（银行）约定，当借款人不能归还到期贷款本金和利息时，保证人按照约定归还本息或承担责任。具体的保证方式有2种：一种是一般保证，另一种是连带责任保证。保证人和债权人（银行）在保证合同中约定，借款人不能归还到期贷款本金和利息时，由保证人承担保证责任的，为一般保证。一般保证的保证人在借款合同纠纷未经审判或者仲裁，并在借款人财产依法强制执行仍不能偿还本息前，对债权人（银行）可以拒绝承担保证责任。保证人和债权人（银行）在保证合同中约定保证人与借款人对贷款本息承担连带责任的，为连带责任保证。连带责任保证的借款人在借款合同规定的归还本息的期限届满没有归还的，债权人（银行）可以要求借款人履行，也可以要求保证人在其保证范围内承担保证责任。

在保证合同中对保证方式没有约定或约定不明确的，按照连带责任保证承担保证责任。保证人可以是符合法律规定的个人、法人或其他组织。不过，银行对个人提供担保的，往往要求由公务员或事业单位工作人员等有固定收入的人来担保，并且不管是谁提供担保，银行都会先进行担保人的资质审查，符合银行要求的才能成为保证人。一般情况下，银行都会要求采取连带责任保证方式进行担保，以避免烦琐的程序。

（2）抵押。抵押是指借款人或者第三人不转移对其确定的财产的占有，将其财产作为贷款的担保。当借款人不能按期归还借款本息时，债权人（银行）有权依照法律的规定，以该财产折价或者以拍卖、变卖该财产的价款优先受偿。借款人或第三人只能以法律规定的可以抵押的财产提供担保；法律规定不可以抵押的财产，借款人或第三人不得用于提供担保。银行一般要求借款人或者第三人提供房屋等不动产作为贷款的担保，这一类抵押合同需要去房地产管理部门办理登记手续，否则抵押合同无效。

（3）质押。质押包括权利质押和动产质押。权利质押是指借款人或者第三人以汇票、本票、债券、存款单、仓单、提单，依法可以转让的股份、股票，依法可以转让的商标专用权、专利权、著作权中的财产权，依法可以质押的其他权利作为质权标的担保。动产质押是指借款人或者第三人将其动产移交债权人（银行）占有，将该动产作为贷款的担保。同样，依据法律规定，借款人不能归还到期借款本息时，银行有权以该权利或动产拍卖、变卖的价款优先受偿。在实际操作中，银行一般要求以股份、债券、定期存款单等作为担保，而且若用于质押的股票价格大跌，银行随时可要求借款人提供额外担保。

四、非银行金融机构

非银行金融机构主要有融资租赁公司、小额贷款公司、农村资金互助社和大银行设立的全资贷款公司等金融机构。对于处于起步期、成长期的中小企业而言，随着我国金融体制改革的不断深入，非银行金融机构将能够为其提供范围更广的融资方式。

1. 融资租赁公司

融资租赁作为近年来快速发展的金融服务模式，在满足目前"三农"领域的融资需求上具有极大的优势和发展空间。与传统贷款业务相比，融资租赁与特定租赁物结合，更看重承租人的未来收益和可持续性，具有门槛低、程序便捷、产品量身定做等特点，缓解了"三农"发展融资难的问题。

融资租赁是由承租人向出租人融通资金引进设备再租给用户使用的方式。融资租赁租金的构成有设备价款、融资成本、租赁手续费等。融资租赁的优点是筹资速度快，限制条款少，设备淘汰风险小，到期还本负担轻等；缺点是资金成本过高。

2. 小额贷款公司

小额贷款公司是由自然人、企业法人与其社会组织投资设立的，不吸收公众存款，经营小额贷款业务的有限责任公司或股份有限公司。与银行相比，小额贷款公司更为便捷、迅速，适合中小企业、个体工商户的资金需求；与民间借贷相比，小额贷款更加规范，贷款利息可双方协商。

小额贷款公司是企业法人，有独立的法人财产，享有法人财产权，以全部财产对其债务承担民事责任。小额贷款公司股东依法享有资产收益、参与重大决策和选择管理者等权利，以其认缴的出资额或认购的股份为限对公司承担责任。

小额贷款公司应遵守国家法律、行政法规，执行国家金融方针和政策，执行金融企业财务准则和会计制度，依法接受各级政府及相关部门的监督管理。

小额贷款公司应执行国家金融方针和政策，在法律、法规规定的范围内开展业务，自主经营，自负盈亏，自我约束，自担风险，其合法的经营活动受法律保护，不受任何单位和个人的干涉。

申请小额贷款步骤如下。

（1）申请受理。借款人将小额贷款申请提交给小额贷款公司之后，由经办人员向借款人介绍小额贷款的申请条件、期限等，同时对借款人的条件、资格及申请材料进行初审。

（2）再审核。经办人员根据有关规定，采取合理的手段对客户提交材料的真实性进行审核，评价申请人的还款能力和还款意愿。

（3）审批。由有权审批人根据客户的信用等级、经济情况、信用情况和保证情况，最终审批确定客户的综合授信额度和额度有效期。

（4）发放。在落实了放款条件之后，客户根据用款需求，随时向小额贷款公司申请支用额度。

（5）贷后管理。小额贷款公司按照贷款管理的有关规定对借款人的收入状况、贷款的使用情况等进行监督检查，检查结果要有书面记录，并归档保存。

（6）贷款回收。根据借款合同约定的还款计划、还款日期，借款人在还款到期日时，及时足额偿还本息，到此小额贷款流程结束。

3. 农村资金互助社

农村资金互助社是指经银行业监督管理机构批准，由乡镇、行政村农居和农村小企业自愿入股组成，为社员提供存款、贷款结算等业务的社区互助性银行业金融业务。

农村资金互助社实行社员民主管理，以服务社员为宗旨，谋求社员共同利益。

农村资金互助社是独立的法人，对社员股金、积累及合法取得的其他资产所形成的法人财产，享有占有、使用、收益和处分的权利，并以上述财产对债务承担责任。

农村资金互助社的合法权益和依法开展经营活动受法律保护，任何单位和个人不得侵犯。农村资金互助社社员以其社员股金和在本社的社员积累为限对该社承担责任。

农村资金互助社从事经营活动，应遵守有关法律法规和国家金融方针政策，诚实守信，审慎经营，依法接受银行业监督管理机构的监管。

4. 全资贷款公司

贷款公司是指经中国银行业监督管理委员会依据有关法律、法规批准，由境内商业银行或农村合作银行在农村地区设立的、专门为县域农民、农业和农村经济发展提供贷款服务的非银行业金融机构。贷款公司是由境内商业银行或农村合作银行全额出资的有限责任公司。

企业贷款可分为流动资金贷款、固定资产贷款、信用贷款、担保贷款、股票质押贷款、外汇质押贷款、单位定期存单质押贷款、黄金质押贷款、银团贷款、银行承兑汇票、银行承兑汇票贴现、商业承兑汇票贴现、买方或协议付息票据贴现、有追索权国内保理、出口退税账户托管贷款。

贷款公司必须坚持为农民、农业和农村经济发展服务的经营宗旨，贷款的投向主要要用于支持农民、农业和农村经济发展。

（1）在资金来源方面，贷款公司不得吸收公众存款，其营运资金仅为实收资本和向投资人的借款。

（2）在资金运用方面，仅限于办理贷款业务、票据贴现、资产转让业务以及因办理贷款业务而派生的结算事项。

在贷款的发放原则方面，要求贷款公司应当坚持小额、分散的原则，提高贷款覆盖面，防止贷款过度集中。

（3）在审慎经营的要求方面，明确规定，贷款公司对同一借款人的贷款余额不得超过资本净额的 10%，对单一集团企业客户的授信余额不得超过资本净额的 15%。

第二节　资产的管理

一、农业资产的管理

1. 牲畜（家禽）资产的管理

牲畜（家禽）资产的养殖风险比较大，如果品种选择不好，平时饲养、防疫等管理不到位，销售市场开拓不好，也会给企业带来经济损失，所以，应该加强牲畜（家禽）资产的日常管理。

在养殖项目的选择上应该注重特色。要积极采用新品种、新技术，并积极创造和培养品牌项目。注意传统养殖和科学管理相结合，发展特色优势明显的农业主导产品或特色品牌，从而大幅度提升农村的经济效益和综合竞争力。

要抓好规模化养殖。实现规模化养殖既可以增加经济效益和抵抗市场风险的能力，也可以享受到一定的社会服务，如科技服务、防疫服务、金融服务和政府的养殖补贴等，还可以占有更多的销售市场份额。

2. 林木资产的管理

首先要建立林木资产的实物管理制度，有明确的分工负责制度，并建立实物管理账册，科学管理，保证林木资产的安全完整，并保持旺盛的生长状态；其次是加强价值量的管理，要建立核算管理制度，特别是成本管理制度，控制成本费用支出，努力降低成本费用消耗，保证林木资产在将来能取得经济效益。在具体管理过程中，要注意对林木资源的合理利用和保护。在林木生长周期内为解决生产周期长、资金周转缓慢的问题，要在林种选择上注意长短结合、以短养长，正确处理采伐与更新的关系，提高林业资产所能带来的经济效益、生态效益和社会效益。

二、企业资产的管理

企业资产主要包括企业设备和产品库存。

1. 设备管理

设备管理是以设备为研究对象，追求设备综合效率，应用一系列理论、方法，通过一系列技术、经济、组织措施，对设备的物质运动和价值运动进行全过程（从规划、设计、选型、购置、安装、验收、使用、保养、维修、改造、更新直至报废）的科学型管理。

设备管理的主要目的是用技术上先进、经济上合理的装备，采取有效措施，保证设备高效率、长周期、安全、经济地运行，保证企业获得最好的经济效益。

设备管理坚持"五个相结合"的原则，即设计、制造与使用相结合；维护与计划检修相结合；修理、改造与更新相结合；专业管理与群众管理相结合；技术管理与经济管理相结合。

企业设备管理应当以效益为中心，坚持依靠技术进步，促进生产经营发展和预防为主的方针。设备管理的主要任务和目的是提高设备功能作用，充分发挥设备功效，保障设备完好，取得良好设备投资效益。

设备管理是从设备的规划工作起直至报废的整个过程的管理，是对设备寿命周期全过程的管理，是从选择、使用、维护修理到更新改造全过程的管理。一般分为前期管理和使用期管理2个阶段。

设备前期管理是指设备在正式投产运行前的一系列管理工作，设备在选型购置建造时，进行的调研、论证、比较、选型、招标、设计、制造等一系列活动。管理上应注意的方面：一是要坚持设计、制造与使用相结合原则。二是加强技术经济论证，依据技术上先进、经济上合理、生产上可行的原则，充分考虑投入生产后技术支持和运行维护，选用综合效率高的技术装备。三是设备购置要考虑设备的效率。如功效、行程、速度等；精度、性能的保持性，零件的耐用性、安全可靠性、可维修性、节能性、环保性、成套性、灵活性等。

设备的使用期管理分设备初期管理、中期管理和后期管理。初期管理一般指设备自验收之日起、使用半年或一年时间内，对设备调整、使用、维护、状态监测、故障诊断以及操作、维修人员培训教育、维修技术信息的收集、处理等全部管理工作。管理上应注意的方面：一是建立设备固定资产档案、技术档案和运行维护原始记录；二是建立设备管理、维护保养管理职责、制度体系；三是掌握设备初期运行特点和规律，调试最佳运行状态，积累基础数据。设备的中期管理是设备过保修期后的管理工作。管理上应注意的方面：一是坚持维护与计划检修相结合原则。合理安排大、中、小修时间及内容。二是老、旧设备不断进行技术革新和技术改造。三是严格执行有关规章制度，合理使用机器设备，防止超负荷、拼设备现象发生。四是工作期间注意观察设备，发现异常，及时处理。五是防止设备带病作业。六是做好维修质量检查，防止设备发生经常习惯性故障。七是做好备件的使用与管理。八是提高人员素质，实行全员管理。设备的后期管理指设备的更新、改造和报废阶段的管理工作。对性能落后、不能满足生产需要以及设备老化、故障不断，需要大量维修费用的设备，应进行改造更新。管理上应注意的方面：一是坚持修理、改造与更新相结合原则；二是设备的更新改造应做到有计划、有重点地对现有设备进行技术改造和更新。包括设备更新规划与方案的编制、筹措更新改造资金、选购和评价新设备、合理处理老设备等。

　　2. 库存管理

　　库存是指企业在日常生产经营过程中持有以备出售或者将消耗的材料或物料等，是企业存储的各种物品与资源的总和。包括销售之前流通环节的产品、未进入流通环节的产品、半成品、在制品、原材料等。造成企业库存的主要原因是争取销售机会、缩短交货期、规避风险、缓和季节变动与生产高峰的差距、投机性的购买、供应来源不稳定以及增加订货批次会增加费用等。形成库存就必然是生产量大于销售量，但是库存多就会造成不良的资金占用、支付贷款利息、存货积压形成仓储费用等。因此，合理的库存对于保证生产、产品供应，提高生产效益意义重大。在库存成本合理范围内达到顾客满意的服务水平是企业的总目标。在零库存或尽量少的库存状态下，实现生产销售顺畅是企业库存管理追求的目标。

库存管理主要有 2 种方式：拉动式库存管理和推动式库存管理。拉动式库存管理是根据客户的实际需要来安排的。每个工序只生产下一工序需要的东西，将库存降到尽可能的低，按照每个仓库的特定需求安排一定的订货批量补足库存。此方法可以对每个存储点的库存进行精确控制，但各地库存单独决策，可能造成补货批量和补货时间不一定能够与整个企业生产批量、经济采购批量等很好地协调起来。推动式库存管理是根据对需求的预测和物料来源安排的。计划形成后，每个工序就会推动部件到下一个生产程序。按照每个仓库的预测需求将剩余产能分配给每个仓库。此方法可以使整个企业一盘棋，综观全局，统筹兼顾。不足之处在于必须预测客户需求和交货时间。预测失误会导致大批量的存货。

第三节　收入、支出和利润分配的管理

一、收入的管理

收入是指一定时期内在销售商品、提供劳务及让渡资产使用权等日常经营活动，及行政管理、服务职能所形成的经济利益的总流入。收入管理的基本要求是制定合理的收入预算，合理安排各业生产经营，不断增加收入，及时确认、确保预算收入的实现。具体包括以下 4 个方面。

1. 做好收入管理的预算

为了保证收入目标的实现以及有计划地组织收入，保证生产经营和管理服务工作的顺利开展，应在年初编制各项收入预算。

收入预算要根据生产经营和管理活动的实际，分项目编制。各业经营收入应按当年经营的具体项目分明细编制。对于发包及上交收入预算，应在确定好与农户和承包单位的承包、租赁关系，签订好承包合同和其他经济合同的基础上，分项编制。对于投资收益，应在当年各项投资计划的基础上编制。各单位对收入预算的编制要积极，所编制的预算要科学合理、实事求是，不能太高也不能太低，要做到能够通过努力可以完成或超额完成。

2. 划清收入的性质与界限

为了保证收入来源的合理合法性，必须要划清各项收入的性质与界限。

（1）划清可分配收入与不可分配收入的界限。收入反映了企业从事各业经营和管理活动的经济总流入，包括可用于分配的收入和不可用于分配的收入。其中经营收入可以用来补偿当年费用支出，并可进行收益分配，而集体福利事业收入及由特殊渠道形成的公积金等，不能列为当年收入参加分配。所以，应在加强收入管理的同时，严格划清公共积累、资本与经营收入的界限，按照资本保全以及有利于内部发展的原则，实行管理。

（2）划清当年经营收入与总产值的界限。为保证年终分配能够如数兑现，列入当年分配的各项经营收入，应是当年实现的收入，可用于分配。对于商品性的工副业产品及主要农产品，要在销售后才能列作当年经营收入。企业在每年编制分配方案到分配兑现结束之前，如有能够实现的收入，也可以在分配方案编制前估价入账，作为当年经营收入。其估计收入与实际收入之间的差额，在下年收入中调整。

（3）划清各项收入之间的界限。企业各项收入来源于不同的渠道，都有各自特定的内容，收入方式等也有很大的不同。所以，在管理中，也必须认真加以区分，划清各项收入之间的界

限，分类管理，便于正确组织核算。

3. 要正确计价和确认收入

正确计价和确认收入是搞好收入核算和管理的基础。因此，必须按财务制度的规定，正确组织收入的计算和核算工作。

（1）收入的计价。在计算经营收入时，应在核实收获产量的基础上，对各种产品正确计价。凡是对外销售的产品，按实际销售计算收入；对于劳务、运输、生产服务等，按实际结算价格计算收入。在计算其他收入时，对盘盈的固定资产按同类的或类似固定资产的市场价减去按该项资产的新旧程度估计的价值损耗后的余额计价，对盘盈的产品物资按同类产品物资的实际成本计价。

（2）收入的确认。收入的确认应采用权责发生制原则。对于经营收入，一般于产品物资已经发出、劳务已经提供，同时收讫价款或取得收取价款的凭据时，确认经营收入的实现；对于发包及上交收入，应在已收讫农户、承包单位上交的承包金及村办企业上交的利润款或取得收取款项的凭据时，确认收入的实现。年终对应交未交款项，按权责发生制原则，确认应收未收部分款项的实现；补助款收入应在实际收到上级有关部门的补助款或取得有关款项的收款凭据时，确认补助收入的实现；其他收入，应于实际发生数或实际收讫款项时，确认收入的实现。征地补偿款等收入不能列入当年收入，预收的土地承包和租金，应逐年进行分摊，不得全部列入当年收入。

4. 统一收入票据

收入票据是加强收入管理的基础环节，也是重要的原始凭证。应根据《中华人民共和国票据法》和当地资产管理办法等有关规定，统一收入票据，按规定领用、按要求开具，建立健全票据管理制度，配备必要的人员专管，切实加强管理。

二、支出的管理

支出是指在一定时期内，从事生产经营和管理服务等日常活动中发生的经济利益的流出。主要包括成本、经营支出、管理费用和其他费用支出等方面。

1. 成本的管理

成本是指为生产产品或提供劳务而发生的各种消耗，包括农产品成本、工业产品成本和对外提供的劳务成本。

成本核算对象主要包括农产品、工业产品和对外提供的劳务。为正确地反映各成本计算对象的成本耗费情况，应按会计制度规定设置成本明细账和成本项目，归集发生的直接费用和间接费用。进行成本核算时，还必须严格划分收益性支出与资本性支出的界限、产品生产成本与期间费用的界限、本期产品与下期产品之间的费用界限、各种产品之间的费用界限、本期完工产品和期末在产品之间的费用界限、农产品和工业产品以及劳务的成本界限。对各项费用的划分，要按照"谁受益，谁负担"的原则，进行费用的分配，正确计算各种产品和劳务的成本。应加强对产品成本和劳务成本的核算与管理，控制非生产费用开支，努力降低生产中各种耗费，不断挖掘降低产品成本的潜力，提高管理水平，待产品销售后按配比原则，从销售收入中补偿成本消耗。

2. 经营支出的管理

经营支出，是指因销售商品、农产品、对外提供劳务等活动而发生的实际支出，包括销售商品或农产品的成本、销售牲畜或林木的成本、对外提供劳务的成本、运输费、修理费、保险费、产役畜的饲养费及其成本摊销、经济林木投产后的管护费用及其成本摊销等。

如果直接经营的项目规模较大，支出较多，就需要按经营行业和项目分别核算和管理。在管理中，年初要按经营行业和支出项目编制经营支出计划和预算，同时，要定期检查计划、预算的执行情况，发现问题及时找出原因，及时采取措施加以改进。对经营支出的管理，还必须严格执行配比原则，及时取得经营收入，与经营支出相配比，补偿生产经营中的各种消耗。

3. 管理费用的管理

管理费用，是指企业管理活动发生的各项支出，包括管理人员的工资、办公费、差旅费、管理用固定资产折旧费、维修费等。

企业应重视和加强对管理费用的管理，降低人员经费开支；实行费用预算管理，明确开支标准和开支范围，尽量减少管理费用开支；建立健全严格审批制度，按权限审批，分级审核等，积极采取措施，堵塞管理中的漏洞，把开支压缩到最低限度。

4. 其他费用支出的管理

其他费用支出，是指不属于经营支出和管理费用以外的其他各项支出，包括固定资产及产品物资的盘亏净损失、固定资产清理净损失、利息支出、坏账损失、罚款支出以及转让无形资产摊余价值等。

其他费用支出项目比较繁杂，容易发生支出数额控制不当、无程序、无标准乱开支和不合理开支等漏洞，会影响企业的发展。所以，重视和加强其他费用支出的管理是完全必要的。对其他费用支出的管理也要编制预算，并按支出项目进行分项管理，严格控制其支出，加强监督检查，防患于未然。

三、利润分配的管理

1. 企业利润的计算

农村企业全年利润总额按照下列公式计算：

利润总额＝经营利润＋补助收入＋其他收入－其他支出

式中：经营利润＝经营收入＋投资利润－经营支出－管理费用

投资利润是指投资所取得的利润扣除发生的投资损失后的数额。投资利润包括对外投资分得的利润、现金股利和债券利息以及投资到期收回或者中途转让取得款项高于账面价值的差额等。投资损失包括投资到期收回或者中途转让取得款项低于账面价值的差额。

2. 利润分配的基本项目

（1）弥补以前年度亏损。农村企业经营中发生的亏损应当弥补。弥补亏损可以分为 2 种不同的情况：税前弥补和税后弥补。按照规定，农村企业年度亏损，可以由下一年度的税前利润（利润总额）弥补，下一年度税前利润尚不足以弥补的，可以用以后年度的利润继续弥补，但用税前利润弥补以前年度亏损的连续期限最长不得超过 5 年。税前利润未能弥补的亏损，只能由企业的税后利润（净利润）弥补。税后利润弥补亏损的资金主要是未分配利润，注册资本不能用于弥补亏损。

（2）向投资人进行利润分红。这是农村企业由于吸收外来投资而给外来投资者进行的利润分配。

（3）未分配利润。这是农村企业在年度利润分配过程中留存企业的利润部分。未分配利润可以并入以后年度利润一起向投资人进行分配。

3. 对投资人进行利润分红的政策

农村企业向投资人分配利润的多少受企业的经营环境、经营方针、投资人要求等多方面因素的影响，各个企业的分配政策不尽相同。农村企业可以向投资人分配利润的政策主要有 4 种。

（1）剩余利润分红政策。当企业有利润较高的投资机会或因扩大生产经营规模需要较多的资金时，将企业的税后可分配利

润首先用作内部融资，在满足投资需要后，剩余利润部分用于向投资人分红。剩余利润分红政策实际上是将利润分配作为投资机会的因变量，目的是降低筹资成本，优化资本结构。剩余利润政策一般适用于企业初创和衰退时期采用。

（2）稳定的利润分红政策。稳定的利润分红是指支付给投资人的利润不随盈利的增减变化而变化，换句话说，不管企业盈利多少，向投资人分配的利润数额总是维持在某一特定水平上。即使某些情况下有所调整，调整的幅度也很小。稳定的利润分红政策，传递给投资人一个企业经营稳定的信息，有利于增强投资者对企业的信赖，树立良好的企业形象。稳定的利润分红政策一般适用于经营比较稳定或正处于成长期、信誉一般的企业，但该政策很难被长期使用。

（3）变动的利润分红政策。变动的利润分红是指企业支付给投资人的利润随企业利润的多少而进行相应的调整。变动的利润分红政策，虽然能使投资人分配的利润与企业利润结合起来进行考虑，但还是给人以不安全的感觉。变动的利润分红政策适用于稳定发展的农村企业和农村企业财务状况较稳定的阶段。

（4）正常加额外利润分红政策。这种政策是介于稳定的利润分红政策和变动的利润分红政策之间的一种向投资人分配利润的政策。企业一般每年按一个固定数额向投资人支付正常应分利润，当企业利润有较大幅度增加时，再根据实际情况向投资人加付一部分额外的应分利润。这种利润分红政策，既能保持投资人利润的稳定，又能实现向投资人分配利润和企业自留利润之间较好地平衡。正常加额外利润分红政策一般适用于企业高速发展阶段。

第六章　市　场　营　销

第一节　农产品市场营销的概念和特点

一、农产品市场营销的概念

一般来说，农产品市场是由消费者、购买欲望和购买力组成的。农产品市场营销的任务就是通过一定方法或措施激起消费者的购买欲望，在消费者购买范围内满足其对农产品的需求。

农产品经营者的市场营销就是为了实现农产品经营者的目标，创造、建立、保持与目标市场之间的互利交换和关系，而对农产品经营者的设计方案的分析、计划、执行和控制。

农产品市场营销，就是在变化的市场环境中，农产品经营者以满足消费者需要为中心进行的一系列营销活动，包括市场调研、选择目标市场、产品开发、产品定价、产品促销、产品存储和运输、产品销售、提供服务等一系列与市场有关的经营活动。

二、农产品市场营销的特点

农产品营销的特点和其他产品营销有很多相似性，但因其生产特点、产品特性和消费特点不同，又有与众不同的营销特点。

1. 农产品的生物性、鲜活性

农产品大多是生物性产品，如大米、面粉、蔬菜、瓜果、蛋禽、牛奶、花卉等，具有鲜活性、易腐性，并容易失去其鲜活性。如花卉、鱼、鲜牛奶等，存放时间很短。农产品一旦失去鲜活性，价值就大打折扣。

2. 消费需求的普遍性、大量性和连续性

人们对农产品的消费需求是生存的最基础的需求，农产品的基础性决定了其在需求上具有普遍性，它在满足人们生活基本需求、美化人们的生活等方面发挥着不可替代的作用。而且，数量巨大的人口，决定了对农产品需求的大量性。

另外，由于农产品是人们日常生活所必需的，虽然其生产具有季节性，但农产品的消费却是均衡的，无论是人们的日常消费，还是作为工业生产的原料，是常年和连续的。

3. 农产品品种繁多且可替代性强

一方面，农产品种类规格繁多，无以计数；另一方面，由于农产品的基本功能相似，所含的基本成分类似和基本用途相同，从而造成了农产品之间具有很强的替代性，这些都决定了农产品贸易的复杂性和难度。比如，白菜价格高涨，萝卜的需求就会增加。因此，农产品的生产、保存技术非常复杂，难度很大。可以说，农产品是技术、资金、劳动力集约化程度很高的产业。

4. 农产品产销矛盾突出、价格波动大

农产品的生产有着较强的季节性与地域性，在产地的生产季节，农产品的上市量非常大，时间也很集中。例如，水果的收获旺季大多在每年的秋季，此时上市的果品特别多，梨、柑橘、苹果等大量水果都集中在此时上市，导致价格下降。又如，柑橘一般只能在南方生产，苹果多在北方生产，所以北方市场的苹果价格低，而柑橘价格高；南方市场的情况则相反。由于生产的季节性、地域性等原因，导致农产品的价格波动比较大。在供过于求的集中上市季节，产品价格会很低；而在供不应求的淡季，产品的价格会非常高。

5. 农产品的质量受产地因素的影响较大

农产品在长期的自然进化过程中形成了与当地自然环境条件相适应的生态习性，因此农产品的质量在很大程度上受产地的自然环境因素的影响。同一品种的农产品在不同地方栽培有不同的产品质量。例如，新疆栽培的哈密瓜可能比在其他地方栽培的哈密瓜要甜得多。

6. 农产品的储藏、运输难

部分农产品属于鲜活产品，容易腐烂，不易于储藏和运输，而且有些农产品单位体积较大而价格相对较低，其运输费用相对较高。因此，一方面，要采取各种灵活有效的促销手段，制定合理的销售价格，力争就地多销快销，减少产品损耗；另一方面，要加强产品的产品化处理，采用先进技术，进行农产品的保鲜和储藏，降低产品储藏腐烂率，并选择灵活的流通方式，保持畅通的运输渠道，利用便捷的交通工具和运输路线，尽量减少运输损失，以取得较好的经济效益，达到农产品经营者营销的目标。

7. 农产品的价值低、利润低

农产品的体积较大、单位体积的价值低，运输、储藏成本高等。例如，一袋 25 千克的面粉售价仅几十元，从小麦收购开始，需要经过粮商收购，运输到面粉加工厂、面粉加工厂加工后，送到超市门店，就需要 2 次长距离的运输及多次搬运，其运输及搬运的成本就得达到 10% 以上。经营面粉的利润还不如搬运费用。

8. 大宗农产品的营销相对稳定小宗农产品的营销变化无常

需求量巨大的农产品市场需求及供应量相对稳定，市场变化比较平稳。而小宗农产品的需求变化巨大而供应量相对变化也较大，两者变化重叠或反向导致价格剧烈变化。市场上经常出现的"蒜你狠""姜你军"就是典型的例子。

第二节 农产品包装

一、农产品包装的概念与作用

1. 包装的概念

产品包装有 2 层含义：一是指用不同的容器或物件对产品进行捆扎；二是指包装用的容器或一切物件。包装通常有 3 个层次：第一层次是内包装，它是直接接触产品的包裹物，如酒瓶、香水瓶、牙膏皮等；第二层次是中包装，它是保护内包装物的包裹物，当产品被使用时，它就被丢弃，如香水瓶、牙膏等外面的盒子等，中包装同时也可以起到促销的作用；第三层是外包装，即供产品储存、辨认所需要的包裹物，如装一打香水的硬纸盒等。

2. 农产品的包装作用

（1）保护商品。包装最重要的作用就是保护商品。商品在储存、运输等流通过程中常会受到各种不利条件及因素的破坏和影响，采用合理的包装可使商品免受或减少这些破坏和影响，以达到保护商品的目的。

对食品产生破坏的因素大致有 2 类：一类是自然因素，包括光线、氧气、水、水蒸气、高低温、微生物、昆虫和尘埃等，可引起食品变色、氧化、变味、腐败和污染等；另一类是人为因素，包括冲击、振动、跌落、承压载荷和人为盗窃污染等，可引起内装物变形、破损和变质等。

不同食品、不同的流通环境，对包装的保护功能的要求是不一样的。例如，饼干易碎、易吸潮，其包装应防潮、耐压；油炸豌豆极易氧化变质，要求其包装能阻氧避光照；而生鲜食品的包装应具有一定的氧气、二氧化碳和水蒸气的透过率。因此，包装工作者应首先根据包装产品的定位，分析产品的特性及其在流通过程中可能发生的质变及其影响因素，选择适当的包装材料、容器及技术方法对产品进行适当的包装，保护产品在一定保质期内的质量。

（2）方便储运。包装能为生产、流通、消费等环节提供诸多方便：能方便厂家及运输部门搬运装卸，方便仓储部门堆放保管，方便商店的陈列销售，也方便消费者的携带、取用和消费。现代包装还注重包装形态的展示方便、自动售货方便及消费时的开启和定量取用的方便。一般来说，产品没有包装就不能储运和销售。

（3）促进销售。包装是提高商品竞争能力、促进销售的重要手段。精美的包装能在心理上征服购买者，增加其购买欲望。在超级市场中，包装更是充当着无声推销员的角色。随着市场竞争由商品内在质量、价格、成本竞争转向更高层次的品牌形象竞争，包装形象将直接反映一个品牌和一个企业的形象。

（4）提高商品价值。包装是商品生产的继续，产品通过包装才能免受各种损害而避免降低或失去其原有的价值。因此，投入包装的价值不但在商品出售时得到补偿，而且能给商品增加价值。

包装的增值作用不仅体现在包装直接给商品增加价值，这种增值方式是最直接的，而且更体现在通过包装塑造名牌所体现的品牌价值这种无形的增值方式。当代市场经济倡导名牌战略，同类商品名牌与否差值很大。品牌本身不具有商品属性，但可以被拍卖，通过赋予它的价格而取得商品形式，而品牌转化为商品的过程可能会给企业带来巨大的直接或潜在的经济效益。包装的增值策略运用得当将取得事半功倍的效果。

二、农产品的包装原则

1. 适用原则

包装的主要目的是保护商品。因此，首先要根据产品的不同性质和特点，合理地选用包装材料和包装技术，确保产品不损坏、不变质、不变形等，尽量使用符合环保标准的包装材料；其次要合理设计包装，便于运输；再次，包装应与商品的价值或质量相适应，应能显示商品的特点或独特风格，同时方便消费者购买、携带和使用。

2. 美观原则

销售包装具有美化商品的作用，因此在设计上要求外形新颖、大方、美观，具有较强的艺术性。但值得注意的是，包装装潢上的文字、图案、色彩等不能和目标市场的风俗习惯、宗教信仰发生抵触。

3. 经济原则

在符合营销策略的前提下，应尽量降低包装成本。

三、农产品的包装设计

1. 农产品的外包装设计内容

农产品的外包装设计指选用合适的包装材料，运用巧妙的工艺手段，为包装农产品进行的容器结构造型和包装的美化装饰设计。设计一个农产品的销售包装，包括以下 3 个方面的内容：外形、构图和材料。

（1）外形。农产品外包装设计的外形可以理解为一个人的身材，主要包括形状、大小和尺寸。在设计时第一考虑的因素是农产品的销售渠道，如果是在货架上销售，最好是方形，大小和尺寸也要合适，因为只有这样才能摆得上货架。如果是非货架销售，那么就可以考虑别的形状。第二要考虑的因素是突出感，特别是对于货架销售，突出感更重要，所谓突出感，是说隔着 5~6 米甚至 10 多米，消费者也能远远地在一堆产品中一眼看到这个产品，这就要求在外包装设计时，设计人员要去考察这个产品将来销售时是和什么样的产品摆在一起，那些产品的外形设计是什么样的，自己的设计怎样才能更有吸引力。

（2）图画。农产品外包装的图画可以理解为一个人的脸面，包括商标、图形、文字和色彩，这 4 个方面的组合就构成了外包装的整体效果。

商标可以称为眼睛，是外包装的心灵窗户，透过商标就能看出一个产品的内涵和企业的内涵，所以商标设计以及商标在外包装的位置很重要。商标包括文字部分、图形部分，一般来说，商标都放在外包装最显眼的地方，让消费者一眼就能看到。

农产品外包装的图形设计主要指外包装上的辅助装饰形象等。围绕商标做一下修饰，衬托出产品的内涵，以最直观的视觉方式把产品的信息传递给消费者。外包装图形设计要注意 2 点：第一，不能喧宾夺主，抢商标的风头；第二，要对产品的消费群体、产品的商标和同类产品的现状等诸多因素加以研究，做出自己的特色。

外包装的色彩设计也是给外包装"化妆"的一个过程。农产品的本质是"农"，这个"农"要和当地的区域民族民俗联系起来，运营民族民俗的色彩和图形突出"农"的特征。除了符合"农"的特征外，色彩还必须能激起消费者的购买欲望，促进销售。

外包装上的文字设计包括牌号、品名、说明文字、广告文字以及生产厂家、公司或经销单位等。除符合国家要求的标签内容外，在设计外包装时把这些作为外包装整体的一部分来考虑即可。

（3）材料。农产品外包装的材料可以理解为一个人的肌肉，农产品外包装的材料选择最主要考虑的是符合这个农产品本身的特色，最好的选择是包装材料本身也是农业的包装，如竹子、草编，这样能充分显示出农产品的"农"的特征。

2. 农产品的外包装设计注意事项

由于农产品的特殊性，所以在设计农产品的外包装时需要注意以下特殊事项。

（1）根据农产品的特性选择合适的包材。一般情况下，固体农产品适宜开口较大的软包装；半流体农产品大多采用软管或袋；流体农产品采用瓶、罐、盒、袋；易碎怕压的农产品应采用抗压性能好的包装；易漏农产品的包装容器应具有较好的密封结构；对于吸收异味的农产品就不能采用带气味的包装材料；多次长期使用的食用品在美观方面应比一次性商品要讲究。

（2）根据消费对象、购买用途来选择合适的包装。生活水平高的地区应采用较好的销售包装，生活水平低的地区采用普通的销售包装，用作礼品的农产品可采用精致的包装。

（3）销售包装上应该有农产品的食用方法等，便于消费者选购和使用。农产品的包装上应该尽可能写上详细的使用方法，特别是对于一些特色的农产品，消费者没见过，或者见过却不知道怎么吃，因此必须在包装上有简单的食用方法，这样消费者才有购买的欲望。同时，在农产品外包装上也要注明净重、存放条件等，便于消费者购买和使用。

第三节　农产品定价

一、影响农产品价格的因素

农产品价格普遍偏低，同类产品的价格差别不大，再加上农产品自身的特殊性，农产品的定价策略要充分考虑各种因素，遵循优质优价的原则，优质农产品、特色农产品实行高价，树立价格差异，通过高价策略获得竞争优势。

1. 成本因素

产品从原材料到成品要经过一系列复杂的过程，在这个过程中必定要耗费一定的资金和劳动，这种在产品的生产经营中所产生的实际耗费的货币表现就是成本，它是产品价值的基础，也是制定产品价格的最低经济界限，是维持简单再生产和经营活动的基础和前提。从成本上来看，农产品有土地、水资源、化肥以及各类其他生产成本。具体而言，农产品的生产成本包括以下4类。

（1）购买种子或者种畜的费用。

（2）生产成本。对于种植业来说，需要买化肥、农药、农机设备、抗旱用水用电等。如果是种植大棚蔬菜或者花卉，要花钱建大棚，要用电用煤用水等；对于养殖业来说，需要修建围栏、网箱、房舍，要准备饲料，要进行防疫等。

（3）生产人工成本。就是在生产过程中所要花的人工钱。如果是种植业，包括请人种植、收割、搬运等费用；如果是养殖业，包括请人养殖、请人进行防疫、运输等费用。

（4）其他各项支出包括农产品的流通成本等。农产品的流通成本助推了农产品价格的上升。农产品物流成本的增加，使消费者最终要面对农产品价格上升的形势。

2. 市场需求

市场需求对企业定价有着重要影响，而需求量又受价格变动的影响，一般表现为价格提高，需求量降低；价格降低，则需求量升高。这是供求规律作用的结果。产品的价格变动对需求量的影响程度称为需求价格弹性，其公式为：

需求价格弹性系数=需求量变动的百分比÷价格变动的百分比

该公式表示假如产品价格变动1%，将会引起该产品需求量变动的百分比。不同产品的需求价格弹性不同，因此，制定价格时要考虑具体产品的需求弹性大小。

3. 竞争状况

各行业不同的竞争状况会影响到企业的定价能力。

（1）在完全竞争状态下。价格由供求关系决定，企业没有定价权，只是价格接受者，必须维持流行水准价格。

（2）在完全垄断状态下。一个行业只有一家企业，没有替代品，可以在法律允许的范围内制定一个较高的价格。

（3）在垄断竞争状态下。行业特点是既有垄断又有竞争，因为该行业的产品满足人们同一种需求且产品形式相同，因此彼此竞争，但是产品之间存在差别，各有特色，导致了部分垄断的可能性，企业就可以根据人们对产品差异性的偏好程度制定价格。

因此，在这种竞争环境下，企业短期内可以控制价格，定价的高度以顾客愿意为差异化支付的代价为限。但是从长期来看，价格仍然取决于供求关系，因为产品之间有替代关系，而且某种特色很容易模仿，使原有企业失去优势。

（4）在寡头垄断状态下。在此状态下，几家大企业生产和销售了整个行业的大部分产品。由于竞争只在几家大企业之间进行，他们之间是相互依存、相互影响的关系，其中一家企业效益的好坏不仅取决于自己，同时又受制于竞争对手的反应。各寡头为达到利益均沾，防止两败俱伤，常就有关价格、销售数量、销售地区达成默契，形成默契价格。

4. 消费者心理

消费者心理是影响企业定价的一个重要因素。无论哪种消费者，在消费过程中，必然会产生复杂的心理活动来指导自己的消费行为。面对不太熟悉的商品，消费者常常从价格上判断商品的好坏，认为高价高质。在大多数情况下，市场需求与价格呈反向关系，即价格升高，市场需求降低；价格降低，市场需求增加。但在某些情况下，由于受消费者心理的影响，会出现完全相反的反应。因此，在研究消费者心理对定价的影响时，要持谨慎态度，要仔细了解消费者心理及其变化规律。

5. 法律限制

企业制定价格要受到国家有关法律的限制，各个国家都制定了一些有关物价的政策法规，如《中华人民共和国价格法》对凡属于政府定价的商品都明确规定了具体价格，属于政府指导价的商品，规定了基准价和浮动幅度，属于市场价格范围的商品由企业自行定价。

6. 定价目标

定价目标是指企业通过制定及实施价格策略所希望达到的目的。任何企业制定价格，都必须按照企业的目标市场战略及市场定位战略的要求来进行，定价目标必须在整体营销战略目标的指导下来确定，而不能相互冲突。由于定价应考虑的因素较多，定价目标也多种多样，不同企业可能有不同的定价目标，同一企业在不同时期也可能有不同的定价目标，企业应当权衡各个目标的依据及利弊，谨慎加以选择。企业常见的定价目标有如下一些：

（1）生存目标。在企业营销环境发生重大变化，难以按正常价格出售产品的情况下，企业有时将生存目标作为自己的定价目标。这是企业为了避免受到更大冲击造成倒闭等严重后果而采取的一种过渡性策略。如在企业产量过剩、面临激烈竞争、试图改变消费者需求时，企业需要制定较低的价格，以确保工厂继续开工和使存货出手。在这种状况下，生存比起利润来优先受到考虑。只要价格能弥补可变成本和一些固定成本，企业的生存便可得以维持。在价格敏感型的市场中，这种定价目标更容易实现，企业可以以折扣价格、保本价格甚至亏损价格来出售自己的产品，以求促进销售、收回资金、维持营业，为扭转不利状况创造条件、争取必要的时间。

（2）利润目标。获利是企业生存和发展的必要条件，因此，许多企业将利润最大化作为自己的经营目标，并以此来制定价格。最大利润目标是指企业在保证利润最大化的前提下来确定商品的价格。但追求最大利润并不意味着要制定过高的价格，因为企业的赢利是全部收入扣除全部成本费用之后的余额，赢利的大小不仅取决于价格的高低，还取决于合理的价格所形成的需求数量的增加和销售规模的扩大。这需要企业对其需求函数和成本函数都非常了解，然而在实践中却难以精确预测。在这种目标的指引下，公司往往忽视了其他营销组合因素、竞争对手的反应以及有关价格的政策、法规，从而影响了它的长期效益。

（3）市场占有率目标。市场占有率，又称市场份额，是指企业的销售额占整个行业销售额的百分比，或者是指某企业的某产品在某市场上的销量占同类产品在该市场销售总量的比重。市场占有率是企业经营管理水平和竞争能力的综合表现，提高市场占有率有利于增强企业控制市场的能力从而保证产品的销路，还可以提高企业控制价格水平的能力从而使企业获得较高的利润。作为定价目标，市场占有率与利润的相关性很强，从长期来看，较高的市场占有率必然带来高利润。

（4）质量目标。企业也可以树立在市场上成为产品质量领袖地位这样的目标。企业为了维持产品的质量也必须付出较高的代价，如采用先进的技术、精湛的工艺、优质的原料、独特的配方等，所有这些使产品在同类产品中脱颖而出。因而企业需要制定一个较高的价格，来弥补高质量产品的高成本，并且可以有更多的资金来加大对产品的科技投入、广告投入、服务投入等，使其成为市场上的常青树。在国际市场上，一件名牌衬衣的价格是普通衬衣的几倍，甚至几十倍。而消费者一旦认可了名牌产品的质量，他们会心甘情愿地付出较高的代价。这种定价目标一般为在同行业中实力较强的企业所采用。

7. 其他因素

除以上因素外，还有其他许多因素也会影响企业价格的制定。如有时企业根据企业理念和企业形象设计的要求，需要对产品价格做出限制。例如，企业为了树立热心公益事业的形象，会将某些有关公益事业的产品价格定得较低；为了树立高贵的企业形象，将某些产品价格定得较高等。

二、农产品定价的方法

农产品价格的制定可以分为 2 类：一类由政府定价，农产品生产经营者对所出售的农产品价格没有决策权，如我国长期实行过的粮、棉、油国家统购统销价；另一类是农产品生产经营者定价，依据农产品质量、市场需求等因素决定其价格。本部分主要讨论生产经营者能够自主定价的农产品。

定价方法主要有成本导向定价、需求导向定价和竞争导向定价。

1. 成本导向定价法

（1）总成本加成定价法。总成本加成定价法是指按照单位成本加上一定百分比的加成来制定产品的销售价格，即把所有为生产某种产品而发生的耗费均计入成本的范围，计算单位产品的变动成本，合理分摊相应的固定成本，再按一定的目标利润率来决定价格。

（2）目标收益定价法。目标收益定价法又称投资收益率定价法，是根据生产经营者的总成本或投资总额、预期销量和投资回收期等因素来确定价格。生产经营者试图确定能带来它正在追求的目标投资收益。它是根据估计的总销售收入（销售额）和估计的产量（销售量）来制定价格的一种方法。

（3）盈亏平衡定价法。盈亏平衡定价法又称收支平衡法，是利用收支平衡点来确定产品的价格，即在销量达到一定水平时，生产经营者应如何定价才不至于发生亏损；反过来说便是已知价格在某一水平上，应销售多少产品才能保本。

2. 需求导向定价法

市场营销观念要求生产经营者的一切生产经营必须以消费者需求为中心，并在产品、价格、分销和促销等方面予以充分体现。基于需求定价方法是根据市场需求状况和消费者对产品的感觉差异来确定价格的方法，又称为市场导向定价法。需求导向定价法主要包括认知价值定价法、需求差别定价法和逆向定价法。

（1）认知价值定价法。认知价值定价法是根据顾客对产品价值的认知程度，即产品在顾客心目中的价值观念为定价依据，运用各种营销策略和手段，影响顾客对产品价值的认知的定价方法。作为定价的关键，不是卖方的成本，而是购买者对价值的认知。生产经营者如果过高地估计认知价值，便会定出偏高的价格；相反，则会定出偏低的价格。同一杯啤酒为何相差8元？同一套服饰在不同的服装店中为何差价如此大？其核心就是如何提高消费者对价值的感受心理，塑造品牌形象和消费环境，提高产品的增值服务和产品特色。

品牌农产品应该在维持生存的前提下，通过定价来展现产品品质和品牌形象，使企业健康持续发展。在绿色健康理念指导下，人们更加关注农产品的营养、生产工艺、生长环境，要求品牌农产品能够提供比普通农产品更高的品质，也愿意为此多支付一些费用。例如，河北恩农出品有机面粉的特色是"千斤石磨制成，口感营养不流失"，马上便与普通面粉划清了界限——"其他面粉都是机器磨的，我的面粉是采用传统的石磨制成的"，消费者就会产生好奇，毕竟现在很少吃到这样的面粉，而且该特色突出了这种工艺的好处——"口感更好，保全小麦营养"，这样的购买利益点，当然获得消费者的高度认同，价格比普通面粉贵5倍，却卖得断货，供不应求。

（2）需求差别定价法。需求差别定价是指通过不同的营销努力，使同种同质的产品在消费者心目中树立起不同的产品形象，进而根据自身特点，选取低于或高于竞争者的价格作为自己产品的价格。这种方法的运用要求营销者具备一定的实力，在某一行业或某一区域市场占有较大的市场份额，消费者能够将其产品质量、功效与自身的实力联系起来。其次，在质量大体相同的情况下，实行差别定价是不现实的，尤其是对于定位为"质优价高"形象的农产品生产经营者来说，需要支付高昂的广告包装等费用。因此，从长远来看，只有通过提高产品的质量，才能真正赢得消费者的信任。

农产品质量差价是指同一农产品在同一市场因质量不同而产生的价格差额。

①农产品质量差价的具体形式主要有品种差价、等级差价、规格差价、鲜度差价、死活差价等。

品种差价：同类农产品因品种不同而形成的价格差额。如小麦中的红麦和白麦，苹果中的红香蕉苹果和国光苹果，牛皮中的水牛皮和黄牛皮等，就是以品种不同划分差价的。

等级差价：同一种农产品因等级不同而形成的价格差额。不同农产品划分等级的办法和标准不一。稻谷根据出糙率、杂质、水分、色泽分等；棉花根据纤维长度、色泽分等；生猪根据出肉率、瘦肉率或膘度分等。

规格差价：同一种农产品因轻重大小、体积不同形成的价格差额。例如，活禽、淡水鱼因重量规格不同而价格不同。

鲜度差价：同一种农产品因新鲜程度不同而形成的价格差额。鲜度差价是鲜嫩农产品特有的差价，如水产品、蔬菜、水果等。

死活差价：具有生命机体的畜、禽、水产品因死活差别形成的价格差额。活体畜、禽、水产品味鲜色美，营养丰富，死后由于体内有机体的变化，色差味减，营养价值降低。另外，活体畜、禽、水产品在流通过程中为使其延续生命，还要额外支出一些流通费用。这些因素就形成了畜、禽、水产品所特有的死活差价。例如，各种农产品有少量刚刚上市之际，价格定得相对较高；而大批量上市的时候，价格就会下降。

②生产经营者采取差别定价策略的前提条件是：市场必须是可以细分的，而且各个细分市场表现出的需求程度不同；细分市场间不会因价格差异而发生转手或转销行为，且各销售区域的市场秩序不会受到破坏；市场细分与控制的费用不应超过价格差别所带来的额外收益；在以较高价销售的细分市场中，竞争者不可能低价竞销；推行这种定价法不会招致顾客的反感、不满和抵触。

3. 竞争导向定价法

竞争导向定价法，是指主要依据竞争者的价格来定价，与主要竞争者价格相同或高于、低于竞争者的价格，这要视产品和需求情况而定。这类定价方法主要有以下 3 种。

（1）随行就市定价法。所谓随行就市定价法，是指企业按照行业的平均现行价格水平来定价，也称为流行水准定价法。在下述情况下往往采取这种定价方法：该行业难以估算成本；企业打算与同行和平共处；如果企业另行定价，很难了解购买者和竞争者对本企业价格的反应。

无论市场结构是完全竞争的市场，还是寡头垄断的市场，随行就市定价都是同质产品市场的惯用定价方法。在完全竞争的市场上，销售同类产品的诸多企业在定价时实际上没有多少选择余地，只能按照行业的现行价格来定价。个别企业如果把价格定得高于市价，产品就卖不出去；反之，如果把价格定得低于市价，也会遭到削价竞销。在寡头垄断市场上，各寡头企业也倾向于执行行业现行价格；在行业中有一个绝对领先者时，其他中小企业往往跟随行业领导者的价格定价。

（2）竞争定价法。所谓竞争定价法，是以市场上主要竞争者的价格为定价的基准，同时考虑企业与竞争者之间的产品特色，制定具有竞争力的产品价格。在异质产品市场上，企业定价有较大的自由度，因为产品差异化使购买者对价格差异的存在不甚敏感。企业相对于竞争者要确定自己的适当位置，或充当高价企业角色，或充当中价企业角色，或充当低价企业角色。总之，竞争导向下的价格，会随着竞争者的价格变动而不断调整，旨在保持企业的竞争力。竞争定价法并非对企业本身的成本及市场需求量完全不重视，而是在成本与需求量上尽量与价格竞争目标相配合，力求成本能支持价格竞争及销售目标，其产品策略及市场营销方案也尽量与之相适应，以应付竞争者的价格竞争。

（3）密封投标定价法。所谓密封投标定价法，是指买方引导卖方通过竞争确定成交价格的一种方法。买方公开招标，卖方密封投标参与定价。这种价格是供货企业根据对竞争者（其他投标人）报价的估计制定的，而不是按照供货企业自己的成本费用或市场需求来制定的。供货企业的目的在于赢得合同，所以它的报价应低于竞争对手的报价。

三、农产品价格调整的策略

1. 心理定价策略

这是一种根据消费者心理要求所使用的定价策略，是运用心理学的原理，依据不同类型的消费者在购买商品时的不同心理要求来制定价格，以诱导消费者购买，扩大企业销售量。

具体策略包括以下 6 种。

（1）整数定价策略。指在定价时，把商品的价格定成整数，不带尾数，使消费者产生"一分钱一分货"的感觉，以满足消费者的某种心理，提高商品的形象。

这种策略主要适应于高档消费品或消费者不太了解的某些商品。例如，一台电视机的定价为 2 500 元，而不是 2 499.98 元。

（2）尾数定价策略。指在商品定价时取尾数而不取整数的定价方法，使消费者购买时在心理上产生大为便宜的感觉。如中外零售商常用 9 作为价格尾数，宁可定 99 元不定 100 元，宁可定 0.99 元也不定 1 元。

（3）分级定价策略。指在定价时，把同类商品分为几个等级，不同等级的商品，其价格有所不同。这种定价策略能使消费者产生货真价实、按质论价的感觉，因而容易被消费者接受。

采用这种定价策略，等级的划分要适当，级差不能太大或太小。否则，起不到应有的分级效果。

（4）声望定价策略。指在定价时，把在顾客中有声望的商店、企业的商品的价格定得比一般的商品要高，是根据顾客对某些商品、某些商店或企业的信任心理而使用的价格策略。在长期的市场经营中，有些商店、生产企业的商品在顾客心目中有了威望，认为其产品质量好、服务态度好，不经营伪劣商品、不坑害顾客，等等。因此，这些经营企业的商品定价可以稍高一些。

（5）招徕定价策略。指在多品种经营的企业中，对某些商品定价很低，以吸引顾客，目的是招徕顾客购买低价商品时也购买其他商品，从而带动其他商品的销售。

（6）习惯定价策略。有些商品在顾客心目中已经形成了一个习惯价格。这些商品的价格稍有变动，就会引起顾客不满。提价时，顾客容易产生抵触心理，降价会被认为降低了质量。因此，对于这类商品，企业宁可在商品的内容、包装、容量等方面进行调整，也不采用调价的办法。

2. 价格折扣与折让策略

指企业为了更有效地吸引顾客，扩大销售，在价格方面给顾客的优惠。

（1）现金折扣。指企业为了加速资金周转，减少坏账损失或收账费用，给现金付款或提前付款的顾客以一定的价格优惠。例如，在顾客购买时遇到的一些大额的交易中，常见一次付清全款可享受一定数额的现金返还，如购房；在公司与公司的交易中，常见诸如"2/10，1/20，$n/30$"的符号，意思是在 30 天内付清货款，而在 20 天内付清可获得 1% 的折扣，10 天内付清可获得 2% 的折扣。

（2）数量折扣。指企业给大量购买的顾客在价格方面的优惠。购买量越大，折扣越大，以鼓励顾客大量购买。数量折扣又分为累计折扣和非累计折扣 2 种形式。

（3）职能折扣。职能折扣又称同行折扣、贸易折扣。这是生产企业给予中间商或零售商的价格折扣。有的商家称为"返点"。例如，某生产企业报价为 200 元，按价目表给中间商和零售商分别为 10% 和 15% 的职能折扣，以鼓励他们经销自己的产品。

（4）季节折扣。指生产季节性产品或经营季节性业务的企业为鼓励中间商、零售商或顾客早进货、早购买而给予的价格优惠。例如，冬季购买电风扇，夏季购买皮大衣，旅游淡季乘坐飞机等都可给予一定的价格折扣。采取这种策略，是为了减少企业的仓储费用，加速资金周转，实现企业均衡生产和经营。

（5）推广折扣或折让。指生产企业为了报答中间商在广告宣传、展销等推广方面所做的努力，在价格方面给予一定比例的优惠。

（6）以旧换新折让。企业收进顾客交回本企业生产的旧商品，在新商品价格上给予顾客折让优惠。例如，一台新洗衣机的售价为 480 元，顾客交回本厂产的旧洗衣机，那么厂方规定新洗衣机的售价为 320 元，给予顾客 160 元的价格折让。

第四节　农产品促销

促销是现代营销的关键。在现代营销环境中，企业仅有一流的产品、合理的价格、畅通的销售渠道是远远不够的，还需要有一流的促销。市场竞争是产品的竞争、价格的竞争，更是促销的竞争，企业的营销力特别体现在企业的促销能力上。

一、促销的实质

促销，是指企业通过人员和非人员的方式把产品和服务的有关信息传递给顾客，以激起顾客的购买欲望，影响和促成顾客购买行为的全部活动的总称。

在市场经济中，社会化的商品生产和商品流通决定了生产者、经营者与消费者之间存在着信息上的分离，企业生产和经营的商品和服务信息常常不为消费者所了解和熟悉，或者尽管消费者知晓商品的有关信息，但缺少购买的激情和冲动。这就需要企业通过对商品信息的专门设计，再通过一定的媒体形式传递给顾客，以增进顾客对商品的注意和了解，并激发其购买欲望，为顾客最终购买提供决策依据。因此，促销从本质上讲是一种信息的传播和沟通活动。

二、促销的步骤

为了成功地把企业及产品的有关信息传递给目标受众，企业需要有步骤、分阶段地进行促销活动。

1. 确认促销对象

通过企业目标市场的研究与市场调研，界定其产品的销售对象是现实购买者还是潜在购买者，是消费者个人、家庭还是社会团体。明确了产品的销售对象，也就确认了促销的目标对象。

2. 确定促销目标

不同时期和不同的市场环境下，企业开展的促销活动都有特定的促销目标。短期促销目标，宜采用广告促销和营业推广相结合的方式。长期促销目标、公关促销具有决定性意义。需注意，企业促销目标的选择必须服从企业营销的总体目标。

3. 设计促销信息

需重点研究信息内容的设计。企业促销要针对目标对象所要表达的诉求，并以此刺激其反应。诉求一般分为理性诉求、感性诉求和道德诉求 3 种方式。

4. 选择沟通渠道

传递促销信息的沟通渠道主要有人员沟通渠道与非人员沟通渠道。人员沟通渠道向目标购买者当面推荐，能得到反馈，可利

用良好的"口碑"来扩大企业及产品的知名度与美誉度。非人员沟通渠道主要指大众媒体沟通。大众传播沟通与人员沟通有机结合才能发挥出好的效果。

5. 确定促销的具体组合

根据不同的情况，将人员推销、广告、营业推广和公共关系4种促销方式进行适当搭配，使其发挥整体的促销效果。应考虑的因素有产品的属性、价格、生命周期、目标市场特点等。

6. 确定促销组合

现代营销学认为，促销的具体方式包括人员推销、广告、公共关系和营业推广4种。企业把这4种促销形式有机结合起来，综合运用，形成一种组合策略或技巧，即为促销组合。企业在确定了促销总费用后，面临的重要问题就是如何将促销费用合理地分配于4种促销方式。4种促销方式各有优势和不足，既可以相互替代，更可以相互促进，相互补充。所以，许多企业都综合运用4种方式达到既定目标。这使企业的促销活动更具有生动性和艺术性，当然也增加了企业设计营销组合的难度。企业在4种方式的选择上各有侧重。同是消费品企业，可口可乐主要依靠广告促销，而安利则主要通过人员推销。

三、农产品促销组合

促销组合指履行营销沟通过程的各个要素的选择、搭配及其运用。促销组合的主要要素包括广告促销、人员推销、营业推广和公共关系。

1. 广告促销

（1）广告的含义。广告是广告主以付费的方式，通过一定的媒体有计划地向公众传递有关商品、劳务和其他信息，借以影响受众的态度，进而诱发或说服其采取购买行动的一种大众传播活动。

从以上定义可以看出，广告主要具有以下特点。

①广告是一种有计划、有目的的活动。

②广告的主体是广告主，客体是消费者或用户。

③广告的内容是商品或劳务的有关信息。

④广告的手段是借助广告媒体直接或间接传递信息。

⑤广告的目的是促进产品销售或树立良好的企业形象。

（2）广告的分类。广告从不同的角度可以有不同的分类方式。

①以产品生命周期不同阶段中广告的作用和目标为标准，可以分为告知性广告、劝说性广告、提示性广告三大类。

②以广告目的为标准，可以分为产品广告、企业广告、品牌广告、观念广告、公益广告等。

③以广告传播媒介为标准，可以分为报纸广告、杂志广告、电视广告、电影广告、网络广告、包装广告、广播广告、招贴广告、POP 广告、交通广告、直邮广告等。

④以广告传播范围为标准，可以分为国际性广告、全国性广告、地方性广告、区域性广告。

2. 人员推销

人员推销是一种古老的推销方式，也是一种非常有效的推销方式。

（1）人员推销的含义。根据美国市场营销协会的定义，人员推销是指企业通过派出销售人员与一个或一个以上的潜在消费者交谈，作口头陈述，以推销商品、促进和扩大销售的活动。推销主体、推销客体和推销对象构成推销活动的 3 个基本要素。商品的推销过程，就是推销员运用各种推销术，说服推销对象接受推销客体的过程。

（2）人员推销的特点。相对于其他促销形式，人员推销具有以下6个特点。

①人员推销可满足推销员和潜在顾客的特定需要，针对不同类型的顾客，推销员可采取不同的、有针对性的推销手段和策略。

②人员推销往往可在推销后立即成交，在推销现场便使顾客做出购买决策，完成购买行动。

③推销员可直接从顾客处得到信息反馈，诸如顾客对推销员的态度、对推销品和企业的看法与要求等。

④人员推销可提供售后服务和追踪，及时发现并解决产品在售后和使用及消费时出现的问题。

⑤人员推销成本高，所需人力、物力、财力和时间量大。

⑥某些特殊条件和环境下人员推销不宜使用。

（3）人员推销的步骤。人员推销一般经过以下7个步骤。

①寻找潜在顾客：即寻找有可能成为潜在购买者的顾客。潜在顾客是一个"MAN"，即具有购买力（Money）、购买决策权（Authority）和购买欲望（Need）的人。

②访问准备：在拜访潜在顾客之前，推销员必须做好必要的准备。具体包括了解顾客、了解和熟悉推销品、了解竞争者及其产品、确定推销目标、制定推销的具体方案等方面。不打无准备之仗，充分的准备是推销成功的必要前提。

③接近顾客：接近顾客是推销员征求顾客同意接见洽谈的过程。接近顾客能否成功是推销成功的先决条件。接近顾客要达到3个目标：给潜在顾客一个良好的印象，验证在准备阶段所得到的信息，为推销洽谈打下基础。

④洽谈沟通：这是推销过程的中心。推销员向准客户介绍商品，不能仅限于让客户了解你的商品，最重要的是要激起客户的

需求，产生购买的行为。

⑤应付异议：推销员应随时准备应付不同意见。顾客异议表现在多个方面，如价格异议、功能异议、服务异议、购买时机异议等。有效地排除顾客异议是达成交易的必要条件。一个有经验的推销员面对顾客争议，既要采取不蔑视、不回避、注意倾听的态度，又要灵活运用有利于排除顾客异议的各种技巧。

⑥达成交易：达成交易是推销过程的成果和目的。在推销过程中，推销员要注意观察潜在顾客的各种变化。当发现对方有购买的意思表示时，就要及时抓住时机，促成交易。为了达成交易，推销员可提供一些优惠条件。

⑦事后跟踪：现代推销认为，成交是推销过程的开始。推销员必须做好售后的跟踪工作，如安装、退换、维修、培训及顾客访问等。对于 VIP 客户，推销员特别要注意与之建立长期的合作关系，实行关系营销。

3. 营业推广

（1）营业推广的含义。营业推广又称销售促进，它是企业用来刺激早期需求或强烈的市场反应而采取的各种短期性促销方式的总称。

一般来说，市场占有率较低、实力较弱的中小企业，由于无力负担大笔的广告费，对所需费用不多又能迅速增加销量的营业推广往往情有独钟。

（2）营业推广的方式。

①面向消费者的营业推广方式主要包括赠送促销、折价券等。

赠送促销：向消费者赠送样品或试用品，赠送样品是介绍新产品最有效的方法，缺点是费用高。样品可以选择在商店或闹市区散发、在其他产品中附送、公开广告赠送或入户派送。

折价券：在购买某种商品时，持券可以免付一定金额的钱。折价券可以通过广告或直邮的方式发送。

包装促销：以较优惠的价格提供组合包装和搭配包装的产品。

抽奖促销：顾客购买一定的产品之后可获得抽奖券，凭券进行抽奖获得奖品或奖金，抽奖可以有各种形式。

现场演示：企业派促销员在销售现场演示本企业的产品，向消费者介绍产品的特点、用途和使用方法等。

联合推广：企业与零售商联合促销，将一些能显示企业优势和特征的产品在商场集中陈列，边展销边销售。

参与促销：吸引消费者参与各种促销活动，如技能竞赛、知识比赛等活动，参与者可以获取企业的奖励。

会议促销：各类展销会、博览会、业务洽谈会期间的各种现场产品介绍、推广和销售活动。

②面向中间商的营业推广方式主要包括批发回扣、推广津贴等。

批发回扣：企业为争取批发商或零售商多购进自己的产品，在某一时期内给经销本企业产品的批发商或零售商加大回扣比例。

推广津贴：企业为促使中间商购进企业产品并帮助企业推销产品，可以支付给中间商一定的推广津贴。

销售竞赛：根据各个中间商销售本企业产品的实绩，分别给优胜者以不同的奖励，如现金奖、实物奖、免费旅游、度假奖等，以起到激励的作用。

扶持零售商：生产商对零售商专柜的装潢予以资助，提供POP广告，以强化零售网络，促使销售额增加；可派遣厂方信息员或代培销售人员。生产商这样做的目的是提高中间商推销本企业产品的积极性和能力。

③生产商对推销员的推广方式：生产商为了调动推销员的积极性，经常运用销售竞赛、销售红利、奖品等办法对推销员进行直接刺激。

4. 公共关系

从营销的角度讲，公共关系是企业利用各种传播手段，沟通内外部关系，塑造良好形象，为企业的生存和发展创造良好环境的经营管理艺术。

（1）公共关系的要素。公共关系的构成要素分别是社会组织、传播和公众，它们分别作为公共关系的主体、中介和客体相互依存。社会组织是公共关系的主体，它是指执行一定社会职能、实现特定的社会目标，构成一个独立单位的社会群体。在营销中，公共关系的主体就是企业。公众是公共关系的客体。公众是面临相同问题并对组织的生存和发展有着现实或潜在利益关系和影响力的个体、群体和社会组织的总和。企业在经营和管理中必须注意处理好与员工、顾客、媒体、社区、政府、金融等各类公众的关系，为自己创造良好和谐的内外环境。

社会组织与公众之间需要传播和沟通。传播是社会组织利用各种媒体，将信息或观点有计划地对公众进行交流的沟通过程。社会组织开展公关活动的过程实际上就是传播沟通过程。

（2）公共关系的特征。作为一种促销手段，公共关系与前述其他手段相比，具有以下特点。

①以公众为对象：公共关系是一定的社会组织与其相关的社会公众之间的相互关系。社会组织必须着眼于自己的公众，才能生存和发展。公共关系活动的策划者和实施者必须始终坚持以公众利益为导向。

②以美誉为目标：塑造形象是公共关系的核心问题。组织形

象的基本目标有 2 个，即知名度和美誉度。知名度是指一个组织被公众知道、了解的程度及社会影响的广度和深度。美誉度是指一个组织获得公众信任、赞美的程度及社会影响的美、丑、好、坏。在公众中树立组织的美好形象是公共关系活动的根本目的。

③以互惠为原则：公共关系是以一定的利益关系为基础的。一个社会组织在发展过程中要得到相关组织和公众的长久支持与合作，就要奉行互惠原则，既要实现本组织目标，又要让公众获益。

④以长远为方针：一个社会组织要想给公众留下不可磨灭的组织形象，不是一朝一夕之功所能及的，必须经过长期的、有计划、有目的的艰苦努力。

⑤以真诚为信条：以事实为基础是公共关系活动必须切实遵循的基本原则之一。社会组织必须为自己塑造一个诚实的形象，才能取信于公众。精诚所至，金石为开，真诚往往能产生最大的说服力。唯有真诚，才能赢得合作。

⑥以沟通为手段：没有沟通，主客体之间的关系就不会存在，社会组织的良好形象也无从产生，互惠互利也不可能实现。要将公共关系目标和计划付诸实践，必须要有双向沟通的过程。

第七章 品牌建设

第一节 品牌的概念和作用

一、品牌的概念

品牌是制造商或经销商附加在商品上的识别标志。它由名称、名词、符号、象征、设计或它们的组合构成。品牌具有识别某个销售者或某群销售者的产品或劳务，并使之同竞争对手的产品和劳务区别开来的功能；品牌注册后形成商标，即获得法律保护拥有其专用权。一个著名品牌也是品质优异的体现，是一种精神象征，代表经营者价值理念。品牌的培养是一个长期的过程，也是不断创新的过程，品牌是给拥有者带来溢价，是商品增值的源泉，在激烈竞争的市场经济环境下，加强品牌建设与管理是一项战略性工作，是立于不败之地基础工程。

二、农产品品牌

农产品品牌是农产品经营者根据市场需求与当地资源以及产品特性，给自己的农产品命名的称谓，并配有相应的标志，是农产品之间相互区别的符号。农产品品牌创建是指农产品经营者根据市场需求与当地资源以及产品特性，给自己的产品设计一个富有个性化的品牌，并取得商标权，实行农业产业化经营，使品牌在经营过程中不断得到消费者的认可，树立品牌形象，扩大市场占有率，实现经营目标的一系列活动。在人们生活水平日益提高的现代社会，人们购买农产品的动机呈现多样性，越来越依赖品牌辨别和选择农产品或服务，乃至借助于品牌表达自己的喜好，满足心理需求，体现自己的消费观念。而品牌创建者则希望借助于品牌影响力，传递品质承诺、价值理念、情感诉求等多重信息，满足目标市场消费者的喜好，赢得顾客的信赖和忠诚度，以谋求巩固和扩大市场占有率。为此强化农产品品牌创建与管理的是农产品市场供求双方的共同需要，也是社会主义市场经济发展的根本要求。

三、品牌的作用

1. 品牌是农业产业化经营的必然要求

现代农业产业化有多种实现模式，但基本的要求是实现农业的产加销、贸工农一体化，通过延伸产业链和规模化经营、标准化生产实现农业增效，提高农业的技术装备和科技水平。在推进农业产业化经营的过程中，加强农产品品牌创建是一项不可或缺的战略任务。实施农产品品牌战略，不仅有助于提高生产经营者的管理素质和技术素质，加快技术进步，有助于优化农业资源配置，促进产业结构优化，还可以农产品品牌建设为突破口，改革传统生产方式和管理手段，合理利用和保护农业资源，实现发展经济、保护环境的可持续发展目标。

2. 品牌是农业产业化龙头企业做大做强的基础

现代农业产业化的发展主要依赖农业龙头企业的带动作用，而品牌化经营是农业龙头企业做强做大的前提条件。第一，农业龙头企业必须创建自己的品牌，并逐步塑造品牌的形象，才能赢得消费者的信任，打动消费者的购买情感，才能有稳定的市场，并逐步扩大市场占有率。第二，创建农产品品牌必然以农产品"质量"为核心，按照品牌的质量标准组织生产、优化品种、提高质量、精深加工、精美包装，从而能树立品牌形象和信誉。第三，农产品品牌化经营的目标是提高农产品的附加值，而且品牌的价值就在于它可以稳定商品的市场价位和创造新的价值。实行品牌化经营可以使现代农业产业化项目的经济效益稳步上升，资产不断升值。

3. 品牌有助于增强现代农业产业化项目市场竞争力

随着我国进入中等发达国家的行列，人们的购买力水平大幅提升，消费者开始逐渐青睐品牌农产品，农产品销售的竞争将进入"品牌时代"。实施农产品品牌战略，不仅可以通过农产品的整体品牌形象，充分展示农产品的特色，扩大农产品的销量，走"以质量求生存，靠品牌抢市场"的发展之路。同时，品牌农产品以企业信誉作担保，以品牌作为质量标志，给消费者提供品质上的保证，降低消费者的购买风险。此外，品牌可以作为质量之外的风味、口感等指标的选择标准，增加产品的顾客让渡价值，培养大批忠于品牌的消费者。通过品牌建设赢得购买者的信赖，赢得市场，可以让农业产业化项目具有立于不败的市场竞争力。

4. 品牌有助于农业增效和保障农民收入

促进农业增效和农民增收是推进农业产业化经营的主要目的。农业产业化的实践证明，农产品品牌建设是实现农业增效和农民增收的长久之计。一方面，产业化农产品以品牌的鲜明特征进入市场，有利于建立长期稳定的销售渠道和网络，并建立有效的市场沟通协调机制，不仅能使农产品生产者与农产品市场保持较快的信息沟通，以适应市场的变化，而且长期稳定的销售渠道和网络有助于保持农产品销售量的稳定，还可以发展订单式农产品，有效规避农产品的市场风险；另一方面，农产品常常因为供求关系的周期性变化，导致价格的大起大落，出现增产不增收的现象，而品牌农产品可以在一定程度上抵御这种市场风险，防止农产品价格出现大幅波动，保持农产品价格的基本稳定。此外，品牌农产品具有更高的附加值和溢出效益，有利于实现农业企业增效和保障农民增收。

现代农业产业化、品牌化经营是农业企业化、规模化和集约化经营，通过农业产业化龙头企业的带动，实行一村一品，一乡一业的专业化生产、规模经营、区域化布局、社会化服务，采取贸、工、农相衔接，种养相协调，产供销一条龙经营模式，形成龙头企业带基地、带农户的经营管理体制和运行机制，形成大市场、大流通和大产业的现代农业产业化布局。农业产业化+农产品品牌化，可以让农产品外具形象，内具质量，形成拳头产品，立于市场不败之地，使农业经营者获得长期稳定的收益，不断促进农业的扩大再生产。

第二节　农产品品牌模式

一、农产品品牌的模式

农产品和一般的工业产品不一样，有很多种品牌的模式，一般来说，农产品的品牌有以下4种模式：产地品牌、品种品牌、企业品牌和产品品牌。

1. 产地品牌

指的是拥有独特自然资源以及悠久的种养殖方式、加工工艺历史的农产品，经过区域地方政府、行业组织或者农产品龙头企业等营销主体运作，形成的明显带有区域特征的品牌，一般的格式是"产地+产品类别"，如"西湖龙井""库尔勒香梨""赣南脐橙"等。该类品牌的价值就在于生产的区域地理环境，至于是这个区域的哪个企业生产的，并不重要。一般这样的有特色的产品品牌都注册地理标志产品，受《中华人民共和国商标法》的保护，是一种极为珍贵的无形资产。

2. 品种品牌

指的是一个大类的农产品里的有特色的品种，可以成为一个品牌，也可以注册出商标，如前面提到的"水东鸡心芥菜"就是一个品种品牌。有的品种现在没有注册成品牌，但是也广为人知，如红富士苹果，是一个苹果的一个品种，但是没注册成品牌，现在估计注册也难了，因为种的人太多了，各种利益相关者难以组织起来。品种品牌一般的格式是"品种的特色+品类名字"。如"彩椒"就是彩色的辣椒，这是外观的特色；如"糖心苹果"就是很甜的苹果，这是口感的特色；如前面讲过的"云南雪桃"，这是文化特色；等等。只要有特色，都可以注册成商标，也就好传播。

3. 企业品牌

指的是以农产品企业的名字注册商标，作为品牌来打造，如前面提到的中粮和首农就是一个企业品牌，打造的企业整体的品牌形象。企业品牌可以用在一个产品上，也可以是一个企业品牌下有很多个产品，如"雀巢"这个企业品牌，有"雀巢"咖啡、"雀巢"奶粉、"雀巢"水等。对于农产品流通领域来说，还有一种渠道品牌，也属于企业品牌这一类。渠道品牌就是一个渠道的名字，如"天天有机"专卖店，里面卖的都是有机绿色食品，店里可以有几百个甚至上千个其他的产品品牌。

4. 产品品牌

指的是对于单一一个或者一种产品的起一个名字，注册一个商标，打造出一个品牌。如大连韩伟集团的"咯咯哒"鸡蛋。这种模式大家日常生活中见得比较多。

二、四种品牌的关系

农产品的四种品牌模式看似都有可行之处，各种模式都有成功的范例，对于农产品企业来说，在品牌设计中应正确处理好这四种品牌模式的关系。

1. 产地品牌是农产品企业最大的无形资产

特别对于立志进行区域特色农产品产业化的企业，产地品牌更是必不可少。首先，农产品的本质是"农"，其品质和区域的地理自然环境紧密相关。其次，在消费者心里，好的区域自然环境就是好农产品的产地，这样一个好的产品就很容易告诉消费者，消费者也很容易相信。最后，一个产地品牌具有整合区域生产资源的能力，因为消费者只认这个产地的牌子，农产品企业也就更容易做大做强。

所以对于农产品企业来说，一有机会，一定要想方设法注册产品地理标志，打造产地品牌，或者成立协会，或者找政府授权自己企业做申请。

根据不完全统计，目前中国的地理标志产品有1 000多件，而有条件和资格申请的特色农产品就有16 000余件，只占10%不到，这就意味着，还有至少90%多的优质的产地品牌资源没有人占领。

更不要说对于任何一种农产品，都可以差异化，有差异化，就可以申请产地品牌，萝卜白菜不管种在哪里，都可以申请地理标志产品，可以有北京"大兴萝卜"，也可以有广西"横县萝卜"，可以有青海"西宁萝卜"，也可以有西藏"林芝萝卜"等等，可见，产品品牌在任何一种农产品，在任何一个地方，都可以打造。当然，实际打造过程中，不是所有的品种都适合在所有的区域打造，还得看这个品种是否能在这个区域做出特色出来。

2. 品种品牌对于农产品企业也很重要

有很多种养殖企业，为了显示自己的品种好，一般就说自己是什么什么"1号"，好像占了第一就是最好的，问题是甲企业说自己是"1号"，乙企业也说是"1号"，只是每家的"1号"不同而已。同时，"1号"代表着什么，没什么内涵，消费者听了也白听，没啥感觉。"品种特色+品类名字"这样的品种命名规则才是农产品企业打造专有品种及品种品牌的利器。现状是，很少有人把一个品种的名字作为一个品牌来打造，这里面就是一个思维误区的问题，大家都把企业名字作为品牌来打造（企业品牌），或者给产品另外取个好听的品牌名字（产品品牌）。而没有把握住农产品的品质本质上来源于品种，占领了品种品牌资源，企业就相当于告诉消费者，本企业的产品就是最好最有特色的。

3. 产地品牌统领，品种品牌特色，企业品牌和产品品牌备用

这是农产品企业做好品牌规划的不二法门。能注册产地品牌的，能注册地理标志的，一定先注册地理标志。地理标志大家都用的时候，第二考虑是在政府或者行业地理标志下，再注册品种品牌，用品种品牌打造区域产品品牌里的特色品牌。只有在前面2种情况下不合适，或者不可行的情况下，才考虑打造企业品牌和产品品牌。一个产品品牌下可以有很多品种、企业和产品品牌，一个企业品牌下面也可以有很多产品品牌，这就是四种品牌之间的关系。当然，以上笔者的见解属于纯粹从行业角度出发，从市场营销实践出发，也有的农产品企业出于其他的考虑，先把企业品牌或者产品品牌作为首要品牌来打造，这就不是本书讨论的范畴了。笔者想强调一下的是，对于中小农产品企业来说，以上的规则是最省钱、最快速的品牌打造之路，也是区域农产品产业化之路。

第三节　农产品品牌的建设策略

当前，我国农业产业化正处在加速发展的进程中，在市场竞争日益加剧的现实背景下，实施农产品品牌战略是农业企业和生产者的现实选择。现提出以下建设策略。

一、强化品牌意识，找准品牌定位

品牌是商品及其生产者或者经营者的标志和形象信誉的表现。农业产业化龙头企业必须强化品牌意识，充分认识到品牌在市场竞争和企业发展中的巨大作用。树立强烈的品牌意识是实施品牌战略的基础，品牌创建的成功与否取决于企业家和管理层的品牌意识如何，决定了品牌战略的制定与实施，关系到品牌建设的力度和深度。同时，在制定品牌战略时，很关键的是要选准品牌的市场定位，从占领目标市场出发，瞄准和抓住目标市场购买者的消费心理。农业产业化龙头企业和生产者要通过分析市场消费趋势和竞争态势，选择能发挥自身优势的策略，为自己的品牌在市场上选准一个明确的、符合消费需求的、有别于竞争对手的品牌定位。

二、依托优势资源，发展特色农业

农产品生产受到自然条件的深刻影响。由于不同地域的自然条件、优势资源和种植习惯的差异，形成了农产品的区域特色和比较优势，进而可以在市场上转化为市场优势。因此，在发展农业项目中要充分依托并整合区域优势资源，发展特色农业，培育主导产业，使其形成规模和特殊品质；在创建农产品品牌时，也要挖掘利用好地方的历史、文化、人文等资源，把地方特色文化元素注入其中，丰富农产品的文化底蕴，提升品牌的文化品位，使消费者在获得物质享受的同时，也获得精神文化上的享受。

三、融合农产品销售渠道和品牌传播渠道

品牌影响力的扩大与产品销售在方向、目标、渠道等方面存在着高度的一致性。为此，要积极探索农产品销售渠道和品牌传播渠道的融合，不断创新的农产品分销传播渠道，进一步拓展"农—超"对接、直销专卖、订单营销、网络营销、农产品会展、观光农业和知识营销等渠道，扩张农产品品牌传播空间。要迎合网络直销的发展趋势，建设好网上销售平台，减少农产品的中间流通环节，提高流通效率，降低流通成本，形成价格优势。使农产品以较快的流通速度和具有优势的价格直接呈现给广大的消费者，更快、更有针对性地把农产品及其品牌信息广泛地传播。同时，要加强农产品的质量管理和物流管理，保证农产品的质量安全，保障产品的及时供应，保护品牌好的声誉。

四、建设好品牌农产品的质量标准体系

建设好品牌农产品的质量标准体系，有利于加强品牌农产品的质量管理，保障农产品的质量、档次和安全性，从而获得较高的品牌知名度和美誉度，提高品牌农产品的社会信任度。建立品牌农产品质量标准体系，就是以质量为中心，以市场为导向，以科技为动力，以生产为基础，以农产品的等级制度为重点，建立农产品生产、加工、储藏、销售全过程及生产作业环境和安全控制等方面的标准体系，把农业生产的产前、产中、产后各环节纳入标准化管理，逐步形成与行业、国家、国际相配套的标准体系。农业产业化龙头企业应当树立强烈的质量意识，把品牌建设与质量标准管理结合起来，严格按照质量标准体系管理整个产业链，从根本上保证农产品的质量和安全，赢得消费者的信赖。

第八章 现代农业绿色生产技术

第一节 土水肥一体化技术

土水肥一体化是借助压力系统（或地形自然落差），将可溶性固体或液体肥料，按土壤养分含量和作物种类的需肥规律和特点，配兑成的肥液与灌溉水一起，通过可控管道系统供水、供肥，使水肥相融后，通过管道和滴头形成滴灌，均匀、定时、定量浸润作物根系发育生长区域，使主要根系土壤始终保持疏松和适宜的含水量；同时根据不同的作物的需肥特点，土壤环境和养分含量状况，作物不同生长期需水，需肥规律情况进行不同生育期的需求设计，把水分、养分定时定量，按比例直接提供给作物。土水肥一体化技术实施流程如下。

一、信息采集与规划

1. 采集相关信息

（1）项目实施单位的信息采集。水肥一体化设施建设单位在构建方案时要与项目实施单位充分沟通，了解实施单位计划栽培的作物品种以及种植面积，种植形式和管理模式；这些信息关系到管网布局和灌溉方案的确定，不同的经营模式，其生产管理方式不同，水肥灌溉设计要根据栽培管理模式并结合设计原则来确定，这样才能做到水肥一体化设施投资经济实惠，使用便捷又高效。

另外，要根据实施单位的投资意向、投资人文化素质来确定方案。针对科技示范型的，因其注重的是科技示范推广作用，应体现技术的先进性和领先性，方案要考虑应用推广效果和"门面"效应。这类设计要讲究设备布局的美观，细节的把握，设计的科学性，在严格按照国家和行业的标准进行设计规划，做到合理规范。针对农场经营模式，以增产型为主要目标的，设计上要体现大农业的效益，做到统一管理，方便操作，设备使用寿命长，后续维护费用低，设备使用技术简单实用，受配药和肥料浓度等技术性因素影响小，使用者容易接受，而且要求能安全生产。针对省工型的，因其种植面积不大，10~20亩不等，投资者自己是主要劳动力，这种设计要简单化、尽可能降低成本，设备操作简单，性能稳定，划分轮灌区的原则是，1~2天完成施肥就可以。

　　（2）田间数据采集。田间现场电源是决定水肥首部设备选型的必备条件，因此要了解动力资料，包括现有的动力、电力及水利机械设备情况（如电动机、柴油机、变压器）、电网供电情况、动力设备价格、电费和柴油价格等。要了解当地目前拥有的动力及机械设备的数量、规格和使用情况，了解输变电路线和变压器数量、容量及现有动力装机容量等。了解气候、水源条件。当地气候情况、降水量等因素决定水源的供应量，因此要详细了解当地的气候状况，包括年降水量及分配情况，多年平均蒸发量、月蒸发量、平均气温、最高气温、最低气温、湿度、风速、风向、无霜期、日照时间、平均积温、冻土层深度等。对微灌系统的水质要进行分析，以了解水质的泥沙、污物、水生物、含盐量、悬浮物情况和pH，以便采取相应的措施。另外要了解水源与田间的距离，考虑是否分级供应以及管道的口径设计。

　　（3）土壤地形资料。在规划之前要收集项目区的地质资料，包括土壤类型及容重、土层厚度、土壤 pH、田间持水量、饱和含水量、永久凋萎系数、渗透系数、土壤结构及肥力（有机质含量及肥力指标）等情况，地下水埋深和矿化度。对于盐碱地还包括土壤盐分组成、含盐量、盐渍化以及盐碱地情况。

项目区的地形特点很重要，要掌握项目区的经纬度、海拔高度、自然地理特征等基本资料，绘制总体灌区图、地形图，图上应标明灌区内水源、电源、动力、道路等主要工程的地理位置。

（4）田间测量。田间测量是设计的重要环节，测量数据要尽量准确详细。要标清项目实施区的边界线，道路、沟渠布局，田间水沟宽、路宽都要测量，大棚设施要编号，标明朝向、间隔。

另外，还要收集项目区的种植作物种类、品种、栽培模式、种植比例、株行距、种植方向、日最大耗水量、生长期、耕作层深度、轮作倒茬计划、种植面积、种植分布图、原有的高产农业技术措施、产量及灌溉制度等。

2. 绘制田间布局图

依照田间测量的参数，综合上述用户意愿，选择合适的水肥一体化设施类型，绘制田间布局图和管网布局图。根据灌水器流量和每路管网的长度，计算建立水力损失表，分配干管、主管、支管的管径，结合水泵的功率等参数，确定并分好轮灌区，并在图上对管道和节点等编号，对应编号数值列表备查。最后配置灌溉首部设备和施肥设备。

3. 造价预算

综合上述结果，列出各部件清单，根据市场价格给出造价预算单。把预算结果提供给用户，通过双方实际情况再进行优化修改，最后定稿。一般来说，单位面积越大，每亩工程造价就越大；面积越小，每亩造价越低。主要原因是管网的长度和管径影响了造价。

二、设备安装与调试

1. 开沟挖槽及回填

（1）开挖沟槽。铺设管网的第一步是开沟挖槽，一般沟宽0.4 米、深 0.6 米左右，呈 U 形，挖沟要平直，深浅一致，转弯处以 90°和 135°处理。沟的坡面呈倒梯形，上宽下窄，防止泥土坍塌导致重复工作。在适合机械施工的较大场地，可以用机械施工，在田间需要人工作业。

开挖沟槽时，沟底设计标高上下 0.3 米的原状土应予保留，禁止扰动，铺管前用人工清理，但一般不宜挖于沟底设计标高以下，如局部超挖，需用沙土或合乎要求的原土填补并分层夯实，要求最后形成的沟槽底部平整、密实、无坚硬物质。

①当槽底为岩石时，应铲除到设计标高以下不小于 0.15 米，挖深部分用细沙或细土回填密实，厚度不小于 0.15 米；当原土为盐类时，应铺垫细沙或细土。

②当槽底土质极差时，可将管沟挖得深一些，然后在挖深的管底用沙填平、用水淹没后再将水吸掉（水淹法），使管底具有足够的支撑力。

③凡可能引起管道不均匀沉降地段，其地基应进行处理，并可采取其他防沉降措施。

开挖沟槽时，如遇有管线、电缆时加以保护，并及时向相关单位报告，及时解决处理，以防发生事故造成损失。开挖沟槽土层要坚实，如遇松散的回填土、腐殖土或石块等，应进行处理，散土应挖出，重新回填，回填厚度不超过 20 厘米时进行碾压，腐殖土应挖出换填沙砾料，并碾压夯实，如遇石块，应清理出现场，换填土质较好的土回填。在开挖沟槽过程中，应对沟槽底部高程及中线随时测控，以防超挖或偏位。

（2）回填。在管道安装与铺设完毕后回填，回填的时间宜在一昼夜中气温最低的时刻，管道两侧及管顶以上0.5米内的回填土，不得含有碎石、砖块、冻土块及其他杂硬物体。回填土应分层夯实，一次回填高度宜0.1~0.15米，先用细沙或细土回填管道两侧，人工夯实后再回填第二层，直至回填到管顶以上0.5米处，沟槽的支撑应在保证施工安全情况下，按回填依次拆除，拆除竖板后，应以沙土填实缝隙。在管道或试压前，管顶以上回填土高度不宜小于0.5米，管道接头处0.2米范围内不可回填，以观察试压时事故情况。管道试压合格后的大面积回填，宜在管道内充满水的情况下进行。管道敷设后不宜长时间处于空管状态，管顶0.5米以上部分的回填土内允许有少量直径不大于0.1米的石块。采用机械回填时，要从管的两侧同时回填，机械不得在管道上方行驶。规范操作能使地下管道更加安全耐用。

2. PVC管道安装

与PVC管道配套的是PVC管件，管道和管件之间用专用胶水黏接，这种胶水能把PVC管材、管件表面溶解成胶状，在连接后物质相互渗透，72小时后即可连成一体。所以，在涂胶的时候应注意胶水用量，不能太多，过多的胶水会沉积在管道底部，把管壁部分溶解变软，降低管道应力，在遇到水锤等极端压力的时候，此外，最容易破裂，导致维修成本增高，还影响农业生产。

（1）截管。施工前按设计图纸的管径和现场核准的长度（注意扣除管、配件的长度）进行截管。截管工具选用割刀、细齿锯或专用断管机具；截口端面平整并垂直于管轴线（可沿管道圆周作垂直管轴标记再截管）；去掉截口处的毛刺和毛边并磨（刮）倒角（可选用中号砂纸、板锉或角磨机），倒角坡度宜为

15°~20°，倒角长度约为 1.0 毫米（小口径）或 2~4 毫米（中、大口径）。

管材和管件在黏合前应用棉纱或干布将承、插口处黏接表面擦拭干净，使其保持清洁，确保无尘沙与水迹。当表面沾有油污时需用棉纱或干布蘸丙酮等清洁剂将其擦净。棉纱或干布不得带有油腻及污垢。当表面黏附物难以擦净时，可用细砂纸打磨。

（2）黏接。

①试插及标线：黏接前应进行试插以确保承口、插口配合情况符合要求，并根据管件实测承口深度在管端表面画出插入深度标记（黏接时需插入深度即承口深度），对中、大口径管道尤其需注意。

②涂胶：涂抹胶水时需先涂承口，后涂插口（管径≥90毫米的管道承、插面应同时涂刷），重复 2~3 次，宜先环向涂刷再轴向涂刷，胶水涂刷承口时由里向外，插口涂刷应为管端至插入深度标记位置，刷胶纵向长度要比待黏接的管件内孔深度要稍短些，胶水涂抹应迅速、均匀、适量，黏接时保持黏接面湿润且软化。涂胶时应使用鬃刷或尼龙刷，刷宽应为管径的 1/3~1/2，并宜用带盖的敞口容器盛装，随用随开。

③连接及固化：承、插口涂抹溶接剂后应立即找正方向将管端插入承口并用力挤压，使管端插入至预先画出的插入深度标记处（即插至承口底部），并保证承口、插接口的直度；同时需保持必要的施力时间（管径<63毫米的为 30~60 秒，管径≥63毫米的为 1~3 分钟）以防止接品滑脱。当插至 1/2 承口再往里插时宜稍加转动，但不应超过 90°，不应插到底部后进行旋转。

④清理：承、插口黏接后应将挤出的溶接剂擦净。黏接后，固化时间 2 小时，至少 72 小时后才可以通水。管道黏接不宜在湿度很大的环境下进行，操作场所应远离火源，防止撞击和避免

阳光直射，在温度低于-5℃环境中不宜进行，当环境温度为低温或高温时需采取相应措施。

3. PE管道安装

PE管道采用热熔方式连接，有对接式热熔和承插式热熔，一般大口径管道（DN 100以上）都用对接热熔连接，有专用的热熔机，具体可根据机器使用说明进行操作。DN 80以下均可以用承插方式热熔连接，优点是热熔机轻便，可以手持移动、缺点是操作需要2人以上，承插后，管道热熔口容易过热缩小，影响过水。

（1）准备工作。管道连接前，应对管材和管件现场进行外观检查，符合要求方可使用。主要检查项目包括外表面质量、配件质量、材质的一致性等。管材管件的材质一致性直接影响连接后的质量。在寒冷气候（-5℃以下）和大风环境条件下进行连接时，应采取保护措施或调整连接工艺。管道连接时管端应洁净，每次收工时管口应临时封堵，防止杂物进入管内。热熔连接前后，连接工具回执面上的污物应用洁净棉布擦净。

（2）承插连接方法。此方法将管材表面和管件内表面同时无旋转地插入熔接器的模头中回执数秒，然后迅速撤去熔接器，把已加热的管子快速地垂直插入管件，保压、冷却、连接。连接流程：检查—切管—清理接头部位及划线—加热—撤熔接器—找正—管件套入管子并校正—保压、冷却。

①要求管子外径大于管件内径，以保证熔接后形成合适的凸缘。

②加热：将管材外表面和管件内表面同时无旋转地插入熔接器的模头中数秒，加热温度为260℃。

③插接：管材管件加热到规定的时间后，迅速从熔接器的模头中拔出并撤去熔接器，快速找正方向，将管件套入管段至画线

位置，套入过程中若发现歪斜应及时校正。

④保压、冷却：冷却过程中，不得移动管材或管件，完全冷却后才可进行下一个接头的连接操作。

热熔承插连接应符合下列规定：热熔承插连接管材的连接端应切割垂直，并应用洁净棉布擦净管材和管件连接面上的污物，标出插入深度，刮除其表皮；承插连接前，应校直两对应的待连接件，使其在同一轴线上；插口外表面和承口内表面应用热熔承插连接工具加热；加热完毕，连接件应迅速脱离承接连接工具，并应用均匀外力插至标记深度，使待连接件连接结实。

（3）热熔对接连接。热熔对接连接是将与管轴线垂直的2个管子对应端面与加热板接触使之加热熔化，撤去回热板后，迅速将熔化端压紧，并保证压至接头冷却，从而连接管子。这种连接方式无须管件，连接时必须使用对接焊机。热熔对接连接一般分为5个阶段：预热阶段、吸热阶段、加热板取出阶段、对接阶段、冷却阶段。加热温度和各个阶段所需要的压力及时间应符合热熔连接机具生产厂管材、管件生产厂的规定。连接程序：装夹管子—铣削连接面—回执端面—撤加热板—对接—保压、冷却。

①将待连接的2个管子分别装夹在对接焊机的两侧夹具上，管子端面应伸出夹具20~30毫米，并调整2个管子使其在同一轴线上，管口错边不宜大于管壁厚度的10%。

②用专用铣刀同时铣削两端面，使其与管轴线垂直，待两连接面相吻合后，铣削后用刷子、棉布等工具清除管子内外的碎屑及污物。

③当回执板的温度达到设定温度后，将加热板插入两端面间同时加热熔化两端面，加热温度和加热时间按对接工具生产厂或管材生产厂的规定，加热完毕快速撤出加热板，接着操纵对接焊机使其中一根管子移动至两端面完全接触并形成均匀凸缘，保持

适当压力直到连接部位冷却到室温为止。

热熔对接焊接时，要求管材或管件应具有相同熔融指数。另外，采用不同厂家的管件时，必须选择与之相匹配的焊机才能取得最佳的焊接效果。热熔连接保压、冷却时间，应符合热熔连接工具生产厂和管件、管材生产厂规定，保证冷却期间不得移动连接件或在连接件上施加外力。

4. 滴灌设备安装与调试

作物的生物学特征各异，栽培的株距、行距也不一样，为了达到灌溉均匀的目的，所要求滴灌带滴孔距离、规格、孔洞一样。通常滴孔距离15厘米、20厘米、30厘米、40厘米，常用的有20厘米、30厘米。这就要求滴灌设施实施过程中，需要考虑使用单条滴灌带端部首端和末端滴孔出水量均匀度相同且前后误差在10%以内的产品。在设计施工过程中，需要根据实际情况，选择合适规格的滴灌带，还要根据这种滴灌带的流量等技术参数，确定单条滴灌带的铺设最佳长度。

（1）滴灌设备安装。

①灌水器选型：大棚栽培作物一般选用内镶滴灌带，规格16毫米×200毫米或300毫米，壁厚可以根据农户投资需求选择0.2毫米、0.4毫米、0.6毫米，滴孔朝上，平整地铺在畦面的地膜下面。

②滴灌带数量：可以根据作物种植要求和投资意愿，决定每畦铺设的条数，通常每畦至少铺设一条，2条最好。

③滴灌带安装：棚头横管用25″，每棚一个总开关，每畦另外用旁通阀，在多雨季节，大棚中间和棚边土壤湿度不一样，可以通过旁通阀调节灌水量。

铺设滴灌带时，先从下方拉出。由一人控制，另一人拉滴灌带，当滴管带略长于畦面时，将其剪断并将末端折扎，防止异物进入。首部连接旁通或旁通阀，要求滴灌带用剪刀裁平，如果附近有滴头，则剪去不要，把螺旋螺帽往后退，把滴灌带平稳套进旁通阀的口部，适当摁住，再将螺帽往外拧紧即可。将滴灌带尾部折叠并用细绳扎住，打活结，以方便冲洗（用带用堵头也可以，只是在使用过程中受水压泥沙等影响，不容易拧开冲洗，直接用线扎住方便简单）。

把黑管连接总管，三通出口处安装球阀，配置阀门井或阀门箱保护。整体管网安装完成后，通水试压，冲出施工过程中留在管道内的杂物，调整缺陷处，然后关水，滴灌带上堵头，25″黑管上堵头。

（2）设备使用技术。

①滴灌带通水检查：在滴灌受压出水时，正常滴孔的出水是呈滴水状的，如果有其他洞孔，出水是呈喷水状的，在膜下会有水柱冲击的响声，所以要巡查各处，检查是否有虫咬或其他机械性破洞，发现后及时修补。在滴灌带铺设前，一定要对畦面的地下害虫或越冬害虫进行一次灭杀。

②灌水时间：初次灌水时，由于土壤团粒疏松，水滴容易直接往下顺着土块空隙流到沟中，没能在畦面实现横向湿润。所以要短时间、多次、间歇灌水，让畦面土壤形成毛细管，促使水分横向湿润。

瓜果类作物在营养生长阶段，要适当控制水量，防止枝叶生长过旺影响结果。在作物挂果后，滴灌时间要根据滴头流量、土壤湿度、施肥间隔等情况决定。一般在土壤较干时滴灌 3~4 小时，而当土壤湿度居中，仅以施肥为目的时，水肥同灌约 1 小时较合适。

③清洗过滤器：每次灌溉完成后，需要清洗过滤器。每 3~4 次灌溉后，特别是水肥灌溉后，需要把滴灌带堵头打开冲水，将

残留在管壁内的杂质冲洗干净。作物采收后，集中冲水一次，收集备用。如果是在大棚内，只需要把滴灌带整条拆下，挂到大棚边的拱管上即可，下次使用时再铺到膜下。

5. 首部设备安装与调试

（1）负压变频供水设备安装。负压变频供水设备安装处应符合控制柜对环境的要求，柜前后应有足够的检修通道，进入控制柜的电源线径、控制柜前级的低压柜的容量应有一定的余量，各种检测控制仪表或设备应安装于系统贯通且压力较稳定处，不应对检测控制仪表或设备产生明显的不良影响。如安装于高温（高于45℃）或具有腐蚀性的地方，在签订订货单时应做具体说明。在已安装时发现安装环境不符合时，应及时与原供应商取得联系进行更换。

水泵安装应注意进水管路无泄漏，地面应设置排水沟，并应设置必需的维修设施。水泵安装尺寸见各类水泵安装说明书。

（2）潜水泵安装。

①安装方法：拆下水泵上部出水口接头，用法兰连接止回阀，止回阀箭头指向水流方向。管道垂直向上伸出池面，经弯头引入泵房，在泵房内与过滤器连接，在过滤器前开一个 DN 20 施肥口，连接施肥泵，前后安装压力表。水泵在水池底部需要垫高0.2 米左右，防止淤泥堆积，影响散热。

②施肥方法：第一步，开启电机，使管道正常供水，压力稳定；第二步，开启施肥泵，调整压力，开始注肥，注肥时需要有操作人员照看，随时关注压力变化及肥量变化，注肥管压力要比出水管压力稍大一些，保证能让肥液注进出水管，但压力不能太大，以免引起倒流，肥料注完后，再灌 15 分钟左右的清水，把管网内的剩余肥液送到作物根部。

（3）离心自吸泵安装。

①安装使用方法：第一步，建造水泵房和进水池，泵房占地3米×5米以上，并安装一扇防盗门，进水池2米×3米；第二步，安装 ZW 型卧式离心自吸泵，进水口连接进水管到进水池底部，出口连接过滤器，一般2个并联。外装水表、压力表及排气阀（排气阀安装在出水管墙外位置，水泵启停时排气阀会溢水，保持泵房内不被水溢湿）；第三步，安装吸肥管，在吸水管三通处连接阀门，再接过滤器，过滤器与水流方向要保持一致，连接钢丝软管和底阀；第四步，施肥桶可以配3只左右，每只容量200升左右，通过吸肥管分管分别放进各肥料桶内，可以在吸肥时，把不能同时混配的肥料分桶吸入，在管道中混合；第五步，施肥浓度，根据进出水管的口径，配置吸肥管的口径，保持施肥浓度在5%~7%。通常4″进水管，3″出水管水泵，配1″吸肥管，最后施肥浓度在5%左右。肥料的吸入量始终随水泵流量大小而改变，而且保持相对稳定的浓度。田间灌溉量大，即流量大，吸肥速度也随之增加，反之，吸肥速度减慢，始终保持浓度相对稳定。

②注意事项：施肥时要保持吸肥过滤器和出水过滤器畅通，如遇堵塞，应及时清洗；施肥过程中，当施肥桶内肥液即将吸干时，应及时关闭吸肥阀，防止空气进入泵体产生气蚀。

三、水肥一体化系统操作

1. 准备工作

使用前的准备工作主要是检查系统是否按设计要求安装到位，检查系统主要设备和仪表是否正常，对损坏或漏水的管段及配件进行修复。

（1）检查水泵与电机。检查水泵与电机所标示的电压、频率与电源电压是否相符，检查电机外壳接地是否可靠，检查电机是否漏油。

（2）检查过滤器。检查过滤器安装位置是否符合设计要求，是否有损坏，是否需要冲洗。介质过滤器在首次使用前，在罐内注满水并放入一包氯球，搁置30分钟后按正常使用方法各反冲一次。此次反冲并可预先搅拌介质，使之颗粒松散，接触面展开。然后充分清洗过滤器的所有部件，紧固所有螺丝。离心式过滤器冲洗时先打开压盖，将沙子取出冲净即可。网式过滤器手工清洗时，扳动手柄，放松螺杆，打开压盖，取出滤网，用软刷子刷洗筛网上的污物并用清水冲洗干净。叠片过滤器要检查和更换变形叠片。

（3）检查肥料罐或注肥泵。检查肥料罐或注肥泵的零部件和与系统的连接是否正确，清除罐体内的积存污物以防进入管道系统。

（4）检查其他部件。检查所有的末端竖管，是否有折损或堵头丢失。前者取相同零件修理，后者补充堵头。检查所有阀门与压力调节器是否启闭自如，检查管网系统及其连接微管，如有缺损应及时修补。检查进排气阀是否完好，并打开。关闭主支管道上的排水底阀。

（5）检查电控柜。检查电控柜的安装位置是否得当。电控柜应防止阳光照射，并单独安装在隔离单元，要保持电控柜房间的干燥。检查电控柜的接线和保险是否符合要求，是否有接地保护。

2. 灌溉操作

水肥一体化系统包括单户系统和组合系统。组合系统需要分组轮灌。系统的简繁不同，灌溉作物和土壤条件不同都会影响到灌溉操作。

（1）管道充水试运行。在灌溉季节首次使用时，必须进行管道充水冲洗。充水前应开启排污阀或泄水阀，关闭所有控制阀门，在水泵运行正常后缓慢开启水泵出水管道上的控制阀门，然后从上游至下游逐条冲洗管道，充水中应观察排气装置工作是否正常。管道冲洗后应缓慢关闭泄水阀。

（2）水泵启动。要保证动力机在空载或轻载下启动。启动水泵前，首先关闭总阀门，并打开准备灌水的管道上所有排气阀排气，然后启动水泵向管道内缓慢充水。启动后观察和倾听设备运转是否有异常声音，在确认启动正常的情况下，缓慢开启过滤器及控制田间灌溉所需轮灌组的田间控制阀门，开始灌溉。

（3）观察压力表和流量表。观察过滤器前后的压力表读数差异是否在规定的范围内，压差读数达到 7 米水柱，说明过滤器内堵塞严重，应停机冲洗。

（4）冲洗管道。新安装的管道（特别是滴灌管）第一次使用时，要先放开管道末端的堵头，充分放水冲洗各级管道系统，把安装过程中集聚的杂质冲洗干净后，封堵末端堵头，然后才能开始使用。

（5）田间巡查。要到田间巡回检查轮灌区的管道接头和管道是否漏水，各个灌水器是否正常。

3. 施肥操作

施肥过程是伴随灌溉同时进行的，施肥操作在灌溉进行 20～30 分钟后开始，并确保在灌溉结束前 20 分钟以上的时间内结束，这样可以保证对灌溉系统的冲洗和尽可能地减少化学物质对灌水器的堵塞。

施肥操作前要按照施肥方案将肥料准备好，对于溶解性差的肥料可先将肥料溶解在水中。不同的施肥装置在操作细节上有所不同。

（1）泵吸肥法。根据轮灌区的面积或果树的株数计算施肥量，然后倒入施肥池。开动水泵，放水溶解肥料。打开出肥口处开关，肥料被吸入主管道。通常面积较大的灌区吸肥管用50～70毫米的PVC管，方便调节施肥速度。一些农户出肥管管径太小（25毫米或32毫米）。当需要加速施肥时，由于管径太小无法实现。对较大面积的灌区（如500亩以上），可以在肥池或肥桶上画刻度。一次性将当次的肥料溶解好，然后通过刻度分配到每个轮灌区。假设一个轮灌区需要一个刻度单位的肥料，当肥料溶液到达一个刻度时，立即关闭施肥开关，继续灌溉冲洗管道。冲洗完后打开下一个轮灌区，打开施肥池开关，等到达第二个刻度单位时表示第二轮灌区施肥结束，依次进行操作。采用这种办法对大型灌区的施肥可以提高工作效率，减轻劳动强度。

在北方一些井灌区水温较低，肥料溶解慢。一些肥料即使在较高水温下溶解也慢（如硫酸钾）。这时在肥池内安装搅拌设备可显著加快肥料的溶解，一般搅拌设备由减速机（功率1.5～3.0千瓦）、搅拌桨和固定支架组成。搅拌桨通常要用304不锈钢制造。

（2）泵注肥法。南方地区的果园，通常都有打药机。许多果农利用打药机作注肥泵用。具体做法是：在泵房外侧建一个砖水泥结构的施肥池，一般3～4立方米，通常高1米，长宽均2米。以不漏水为质量要求。池底最好安装一个排水阀门，方便清洗排走肥料池的杂质。施肥池内侧最好用油漆画好刻度，以0.5立方米为一格。安装一个吸肥泵将池中溶解好的肥料注入输水管。吸肥泵通常用旋涡自吸泵，扬程须高于灌溉系统设计的最大扬程，通常的参数为：电源220伏或380伏，0.75～1.1千瓦，扬程50米，流量3～5米/小时，这种施肥方法肥料有没有施完看得见。施肥速度方便调节。它适合用于时针式喷灌机、喷水带、卷盘喷灌机等灌溉系统。它克服了压差施肥罐的所有缺点。特别是使用地下水的情况下，由于水温低（9～10℃），肥料溶解慢，可以提前放水升温，自动搅拌溶解肥料。通常减速搅拌机的电机功率为 1.5 千瓦。搅拌装置用不生锈材料做成倒 T 形。

（3）压差式施肥罐。

①压差施肥罐的运行顺序如下：

第一步，根据各轮灌区具体面积或作物株数计算好当次施肥的数量。称好或量好每个轮灌区的肥料；

第二步，用 2 根各配一个阀门的管子将旁通管与主管接通，为便于移动，每根管子上可配用快速接头；

第三步，将液体肥直接倒入施肥罐，若用固体肥料则应先行单独溶解并通过滤网注入施肥罐。有些用户将固体肥直接投入施肥罐，使肥料在灌溉过程中溶解，这种情况下用较小的罐即可，但需要 5 倍以上的水量以确保所有肥料被用完；

第四步，注完肥料溶液后，扣紧罐盖；

第五步，检查旁通管的进出口阀均关闭而节制阀打开，然后打开主管道阀门；

第六步，打开旁通进出口阀，然后慢慢地关闭节制阀，同时注意观察压力表，得到所需的压差（1~3 米水压）；

第七步，对于有条件的用户，可以用电导率仪测定施肥所需时间。施肥完后关闭进口阀门；

第八步，要施下一罐肥时，必须排掉部分罐内的积水。在施肥罐进水口处应安装一个 1/2″ 的进排气阀或 1/2″ 的球阀。打开罐底的排水开关前，应先打开排气阀或球阀，否则水排不出去。

②压差施肥罐施肥时间监测方法：压差施肥罐是按数量施肥方式，开始施肥时流出的肥料浓度高，随着施肥进行，罐中肥料越来越少，浓度越来越稀。灌溉施肥的时间取决于肥料罐的容积及其流出速率：$T = 4V/Q$

式中，T 为施肥时间（小时）；V 为肥料罐容积（升）；Q 为流出液速率（升/小时）；4 是指 120 升肥料溶液需 480 升水流入肥料罐中才能把肥料全部带入灌溉系统中。

例如，一肥料罐容积 220 升，施肥历时 2 小时，求旁通管的流量。根据上述公式，在 2 小时内必须有 4×220＝880 升水流过施肥罐，故旁通管的流量应不低于：880/120＝7.3（分钟）

因为施肥罐的容积是固定的，当需要加快施肥速度时，必须使旁通管的流量增大。此时要把节制阀关得更紧一些。

了解施肥时间对应用压差施肥罐施肥具有重要意义。当施下一罐肥时必须要将罐内的水放掉至少 1/2～2/3，否则无法加放肥料。如果对每一罐的施肥时间不了解，可能会出现肥未施完即停止施肥，将剩余肥料溶液排走而浪费肥料。或肥料早已施完但心中无数，盲目等待，后者当单纯为施肥而灌溉时，会浪费水源或电力，增加施肥人工。特别在雨季或土壤不需要灌溉而只需施肥时更需要加快施肥速度。

③压差施肥罐使用注意事项：

（a）罐体较小时（小于 100 升），固体肥料最好溶解后倒入肥料罐，否则可能会堵塞罐体。特别在压力较低时可能会出现这种情况。

（b）有些肥料可能含有一些杂质，倒入施肥罐前先溶解过滤，滤网 100～120 目。如直接加入固体肥料，必须在肥料罐出口处安装一个 1/2″的筛网过滤器。或者将肥料罐安装在主管道的过滤器之前。

（c）每次施完肥后，应对管道用灌溉水冲洗，将残留在管道中的肥液排出。一般滴灌系统 20～30 分钟，微喷灌 5～10 分钟。如有些滴灌系统轮灌区较多，而施肥要求在尽量短的时间完成，可考虑测定滴头处电导率的变化来判断清洗的时间。一般的情况是一个首部的灌溉面积越大，输水管道越长，冲洗的时间也越长。冲洗是个必需过程，因为残留的肥液存留在管道和滴头处，极易滋生藻类青苔等低等植物，堵塞滴头；在灌溉水硬度较大时，残存肥液在滴头处形成沉淀，造成堵塞。及时冲洗基本可以防止此类问题发生。但在雨季施肥时，可暂时不洗管，等天气晴朗时补洗，否则会造成过量灌溉淋洗肥料。

（d）肥料罐需要的压差由入水口和出水口间的节制阀获得。因为灌溉时间通常多于施肥时间，不施肥时节制阀要全开。经常性地调节阀门可能会导致每次施肥的压力差不一致（特别当压力表量程太大时，判断不准），从而使施肥时间把握不准确。为了获得一个恒定的压力差，可以不用节制阀门，代之以流量表（水表）。水流流经水表时会造成一个微小压差，这个压差可供施肥罐用。当不施肥时，关闭施肥罐两端的细管，主管上的压差仍然存在。在这种情况下，不管施肥与否，主管上的压力都是均衡的。因这个由水表产生的压差是均衡的，无法调控施肥速度，所以只适合深根作物。对浅根系作物在雨季要加快施肥，这种方法不适用。

（4）重力自压式施肥法。施肥时先计算好每轮灌区需要的肥料总量，倒入混肥池，加水溶解，或溶解好直接倒入。打开主管道的阀门，开始灌溉。然后打开混肥池的管道，肥液即被主管道的水流稀释带入灌溉系统。通过调节球阀的开关位置，可以控制施肥速度。当蓄水池的液位变化不大时（丘陵山地果园许多情况下一边灌溉一边抽水至水池），施肥的速度可以相当稳定，保持一恒定养分浓度。如采用滴灌施肥，施肥结束后需继续灌溉一段时间，冲洗管道。如拖管淋水肥则无须冲洗管道。通常混肥池用水泥建造坚固耐用，造价低。也可直接用塑料桶作混肥池用。有些用户直接将肥料倒入蓄水池，灌溉时将整池水放干净。由于蓄水池通常体积很大，要彻底放干水很不容易，会残留一些肥液在池中。加上池壁清洗困难，也有养分附着。当重新蓄水时，极易滋生藻类青苔等低等植物，堵塞过滤设备。应用重力自压式灌溉施肥，当采用滴灌时，一定要将混肥池和蓄水池分开，二者不可共用。

静水微重力自压施肥法曾被国外某些公司在我国农村提倡推广，其做法是在棚中心部位将储水罐架高80~100厘米，将肥料放入敞开的储水罐溶解，肥液经过罐中的筛网过滤器过滤后靠水的重力滴入土壤。

（5）文丘里施肥器。虽然文丘里施肥器可以按比例施肥，在整个施肥过程中保持恒定浓度供应，但在制订施肥计划时仍然按施肥数量计算。比如一个轮灌区需要多少肥料要事先计算好。如用液体肥料，则将所需体积的液体肥料加到储肥罐（或桶）中。如用固体肥料，则先将肥料溶解配成母液，再加入储肥罐。或直接在储肥罐中配制母液。当一个轮灌区施完肥后，再安排下一个轮灌区。

当需要连续施肥时，对每一轮灌区先计算好施肥量。在确定施肥速度恒定的前提下，可以通过记录施肥时间或观察施肥桶内壁上的刻度来为每一轮灌区定量。对于有辅助加压泵的施肥器，在了解每个轮灌区施肥量（肥料母液体积）的前提下，安装一个定时器来控制加压泵的运行时间。在自动灌溉系统中，可通过控制器控制不同轮灌区的施肥时间。当整个施肥可在当天完成时，可以统一施肥后再统一冲洗管道，否则必须将施过肥的管道当日冲洗。冲洗的时间要求同旁通罐施肥法。

4. 轮灌组更替

根据水肥一体化灌溉施肥制度，观察水表水量确定达到要求的灌水量时，更换下一轮灌组地块，注意不要同时打开所有分灌阀。首先打开下一轮灌组的阀门，再关闭第一个轮灌组的阀门，进行下一轮灌组的灌溉，操作步骤按以上重复。

5. 停止灌溉

所有地块灌溉施肥结束后，先关闭灌溉系统水泵开关，然后关闭田间的各开关。对过滤器、施肥罐、管路等设备进行全面检查，达到下一次正常运行的标准。注意冬季灌溉结束后要把田间位于主支管道上的排水阀打开，将管道内的水尽量排净，以避免管道留有积水冻裂管道，此阀门冬季不必关闭。

第二节 农用地膜回收利用技术

一、人工清除残膜

目前，人工清除残膜是一项解决大田残膜的有效途径。但实践证明，人工清除残膜劳动强度大、效率低，有效回收率低，易造成残膜的累积污染。由于除了超薄膜强度较低之外，光照、水土和机械作用使用过的地膜老化破损严重，而且有一部分埋在土里，很难完整回收。

二、机械回收残膜

机械回收残膜可以克服人工捡拾的弊端，是残膜回收的有效方法。

1. 国外机械回收残膜情况

在欧美和日本等发达国家，地膜覆盖一般用于蔬菜、水果等经济作物，覆盖期相对较短。这些国家使用的地膜较厚，一般为0.015毫米，主要采用收卷式回收机进行卷收。我国使用的地膜很薄，厚度一般为0.006~0.008毫米，强度小，覆盖期长，清除时易碎和不易回收，收卷式地膜回收机具难以适应我国实际情况。根据我国地膜残留污染的特殊性，现已开发出了滚筒式、弹齿式、齿链式、滚轮缠绕式和气力式等残膜回收机具。

机械回收是国外残膜回收的主要技术途径。英国和苏联采用悬挂式收膜，工作时松土铲将压膜土耕松，然后将薄膜收卷到羊皮网或金属网上，收下的薄膜洗净后卷好以备再次使用。日本对残膜的回收处理相对好一些，主要原因之一是日本覆盖地膜的土壤主要是火山灰土，土壤疏松不易损膜；二是地膜较厚、强度大、覆盖期相对较短，清除时可保持较完整，在回收时缠绕扎在地膜两边的绳索，将地膜收起。法国的一些地区采用地膜铲将压在地膜两侧的泥土刮除，随后起出残膜。在地头由人工将膜提起并缠在卷膜筒上，随着机组的前进，地轮带动卷膜筒旋转，连续不断地将地膜缠在卷膜筒上，完成残膜的回收过程。总体来看，在欧美、日本等发达国家，地膜覆盖一般用于蔬菜、水果等经济作物，覆盖期相对较短。为了便于回收，这些国家使用的地膜较厚，一般为 0.020～0.050 毫米，可连续用 2～3 年，主要采用收卷式回收机进行卷收。

2. 我国机械回收残膜情况

我国情况与国外情况不同。我国使用的农用地膜很薄，厚度为 0.006～0.008 毫米，强度小，覆盖期相对较长，清除时易碎，不易回收。采用国外收卷式地膜回收机回收地膜难以适应中国国情。从 1982 年开始，我国农机科研工作者就对收膜机进行了长期的探索和研究。开展过此项研究工作的单位有中国农业机械化科学研究院、中国农业大学、东北农业大学、西北农林科技大学、新疆农业科学院农机化所、新疆生产建设兵团等十几家单位，经过 20 多年的不懈努力，我国已取得残膜回收机械的相关专利技术 60 多项，开发出了滚筒式、弹齿式、齿链式、滚轮缠绕式、气力式等多种形式的残膜回收机。其中，滚筒式残膜回收机的研究较为集中，其滚筒有伸缩扒杆捡拾滚筒、弧形挑膜齿捡拾滚筒、弹齿滚筒、夹持式捡拾滚筒、梳齿转筒等多种结构形式。据不完全统计，我国研制的残膜回收机机型达 100 余种，有单项作业和联合作业 2 种作业形式。

3. 残膜回收机械

按照农艺要求和残膜回收时间，残膜回收机械可分为苗期揭膜机械、秋后回收机械和播前回收机械 3 类。这 3 类残膜回收机械的使用或者辅以人工捡拾，可以大大提高残膜回收率。

（1）苗期揭膜机械。苗期残膜回收机是在棉花、玉米等作物浇头水之前揭去全部地膜，此时揭膜有利于中耕、除草、施肥和灌水。苗期揭膜时地膜老化较轻，一般采用人机结合的方式，机具要求必须对准行，不伤苗。其代表机型有新疆兵团农机推广站和新疆生产建设兵团农八师 134 团研制的 CSM-130B 型齿链式悬挂收膜机、新疆农业科学院农机化研究所研制的 MSM-3 型苗期残膜回收机以及东北农业大学研制的 MS-2 型玉米苗期收膜机等。但是，苗期收膜机作业后需要及时灌水，以防止因水分的蒸发而造成干旱，对水情要求较高，只适用于水源较充足地区的部分作物。而我国大部分地膜覆盖种植区干旱少雨，近年来又推广应用膜下滴灌等节水灌溉技术，因此在推广应用上受到了很大制约，目前已不是研究重点。

（2）秋后回收机械。秋后残膜回收机是目前的研究热点，它是在作物收获后、犁地前回收地膜，收膜对象主要是当年铺设的地膜。此时地膜处于地表，相对比较完整。在苗期揭膜受到制约的情况下，秋后是回收残膜的最佳时机。由于秋后作业时间短，为了提高作业效率，减少秸秆对收膜的影响，该类机型一般与秸秆粉碎还田机联合作业。其收膜工艺一般是先将农作物秸秆粉碎后抛撒到机具的侧方或者后方，为后续收膜工序创造一个相对干净的工作面，然后进行膜边松土、起膜铲将地表残膜铲起、挑膜齿挑起残膜，最后脱（卸）膜机构将被挑起的残膜卸下并送入集膜部件。其中，挑膜、卸膜和集膜是影响收膜效果的核心机构。其代表机型有新疆农垦科学院农机研究所研制的4SJ-1.6残膜回收与茎秆粉碎联合作业机和新疆农业科学院农机化研究所研制的4JSM-1800棉秸秆粉碎还田与残膜回收联合作业机。

（3）播前回收机械。播前残膜回收机是在农作物播种前回收地膜，此时作物秸秆已经腐烂，地里杂物较少，但地膜老化严重，多以块状形式存在于土壤中，所以回收比较困难，回收率十分有限。目前已研制出的代表机具有弹齿式搂膜机等，弹齿入土深度3~5cm，将地表残膜搂成条，由人工清膜，这种机具只能收集大块的残膜，而对小块的碎膜无能为力。

三、残膜回收利用技术

残留地膜利用技术也是解决地膜污染的一种比较有效的方法。废旧农膜回收利用符合循环经济活动"资源—产品—再生资源"的反馈式流程，是塑料产业中资源循环利用的重要组成部分，废旧农膜作为一种宝贵的再生资源，如不加以有效地回收利用，不但造成资源的极大浪费，而且传统的焚烧、填埋、废弃等处置方式也将对环境造成污染，对我国农业的可持续发展构成威胁。因此，遵循循环理念，应采取有效措施加大废旧农膜的回收力度，变废为宝，化害为利。地膜回收具体利用措施主要有再生塑料的原料、利用塑料废渣铺路面、再生塑料和木粉、燃料的提取材料几种方式。

1. 再生塑料的原料利用

一是将回收来的残膜通过晾晒、粉碎、漂洗、甩干、挤出、切粒，加工成其他塑料制品的原料，因依旧保持着塑料原料的化学特性和良好的综合材料性能，可满足吹膜、拉丝、拉管、注塑、挤出型材等技术要求，用于加工各种膜、管等制品。利用回收的薄膜生产环境友好型填充母料。塑料填充改性母料自20世纪80年代初投入市场以来，由于其价格低廉，产品性能优异，可改善塑料制品的某些物理特性，替代合成树脂，且生产工艺简单、投资较小、具有显著的经济效益和社会效益。因而，塑料填充改性母料是近年来发展最快的塑料工业中的新行业，已成为塑料加工工业的重要部分和塑料制品的主要添加材料之一。

利用回收的薄膜生产环境友好型填充母料，生产工艺简单、投资较小，是地膜回收利用中比较好的一种方式。

2. 利用塑料废渣铺路面

在法国，人们把聚氯乙烯废渣渗入芳香碳烃化合物沥青内而使它变成一种廉价的黏合剂，可用在混凝土路面上，特别可在交通量大的道路上使用。美国福特（Ford）汽车公司正在其英国的Dagenham实施回收混合塑料用作新铺路表面材料的试验，这个项目是福特公司未来5年回收所有汽车用材料计划的一部分。福特公司在2003年夏季开始试用回收塑料，公司有相当庞大的5年计划，所有汽车废料都将不采用填埋方法处理。汽车中有16%~25%为非金属材料，塑料约占10%，推进该项目的目的是公司要摒弃填埋法处理废料。福特公司正与Plsmega工业公司实施具体工作，用细石料和混合回收塑料做道路表面，其中塑料占30%。项目要解决的问题仍为废塑料的分离，而一些小于25克的小塑料部件则不需鉴别是什么种类塑料。废弃塑料袋可用于增强道路的使用寿命，并已准备为此申请专利。报道称，由于塑料袋不可生物降解，大规模使用塑料袋已对环境造成严重污染，而将塑料袋用于铺路为解决这一环境问题提供了新方法。研究人员说，在进行热处理后，塑料袋的成分聚乙烯能将铺路的石子包裹住，从而与煤焦油有效地黏合在一起，这样铺出的路浸水后不易出现裂缝。据介绍，工程人员将把那些塑料垃圾用粉碎机打成非常小的粉末，然后再将其和沥青混合。这种新型路面材料雨水不容易积存，而且出现破损后修补也非常方便，这样就延长了路面的使用时间。目前印度在班加罗尔就有一条大约1千米的"塑料路面"。

世博会临时展区尝试应用再生板材铺路面：一块14.5厘米宽的赭红色板材，初看和上好的天然木地板一样细腻柔和，但细看却发现它的颜色和造型像塑料一样多变——这是一种叫作再生板材的环保材料。不久前，在世博会园区样板组团区的高架步道上，已经尝试将这种材质应用于路面，铺设了约700平方米。在日本的爱知世博会上，主办方也大量应用了这种再生板材。

3. 再生塑料和木粉的利用

引进这种环保材料的供应商刘先生说："在上海郊区，木粉原料相当丰富，农村废弃的秸秆、麦秆、芦苇秆乃至稻壳、花生壳都行，仅需粉碎及干燥处理一下就可以应用。"目前上海年产秸秆已超过200万吨，让它们变身为漂亮的地板，不失为一条理想的出路。此外，废旧塑料的来源也不少。目前上海郊区普遍应用的覆盖地面的塑料地膜，就是再生塑料的良好原料。随着今后地膜用量的增加，如果能及时回收，可以大大减少地膜残留对土壤和环境的污染。用再生塑料和木粉制成的再生板材，不仅有良好的木质感，而且还有很多胜过木材的优点：耐湿耐高温，不怕发霉和虫蛀，不会因为太阳暴晒而开裂变形，维修成本也很低。在国外，再生板材因其性能优越而被大量应用。而它最绿色之处是100%可回收再利用。"理论上来说，这种板材可以无数次地循环使用，粉碎后可以重新制成不同尺寸、颜色、造型的产品。"例如，再生板材此次应用的高架步道属于世博会临时展区，在展期结束后，供应商将会把它拆除并重新制作，再应用于其他领域，真正实现其绿色特性。

4. 燃料的提取材料

燃料的提取材料是将回收来的残膜通过风选，清洗，破碎，打包或造粒，然后通过高温催化裂解等技术处理，从中获取汽油、柴油等可用燃料。在当前石油价格居高不下，塑料原料大幅度涨价，塑料加工企业步履艰难，如果采取合理措施使一次性地膜得到回收利用，不仅使环境得到保护，而且做到资源再生。

第三节　生态循环农业技术

生态循环农业是将种植业、畜牧业、渔业等与加工业有机联系的综合经营方式，其利用微生物科技在农、林、牧、副、渔多模块间形成整体生态链的良性循环；它将为解决农业污染、优化产业结构、节约农业资源、提高产出效果、改造农业生态、保障食品安全等提供系统化解决方案，并打造一种新型的多层次循环农业生态系统，成就出一种良性的生态循环环境。生态循环农业技术主要包括减量化技术、再利用技术、再循环技术等。

一、减量化技术

循环农业的减量化技术是指在农业生产的全过程中用较少的物质和能源消耗来达到预定的生产目标，从源头节约资源和减少污染的技术。这些技术主要是通过开发和使用新的高效资源、高效品种、高效农艺和高效率的农业机械及加工设备，来替代原来使用的资源、品种、农艺、工艺和农机等，以提高资源和生产资料的利用效率，减轻生产和消费过程中的环境压力。采用节水工程、节水灌溉、节水栽培或旱作农业、生物节水或抗（耐）旱品种、保护性耕作、水循环利用、保水剂等节水技术（品种或药剂）；采用种满种严、合理密植、立体种植、设施农业、中低产田改造、"三荒地"改造、荒漠化农田复垦、小流域治理等节地技术；采用种子精选、精量播种、种子包衣、工厂化育苗、组织培养、人工授粉/授精、育苗移栽、低温储藏、提纯复壮等节种技术；采用测土配方施肥、复合专用肥、缓释肥、植株营养诊断与测土配方施肥、制作与施用有机肥、秸秆还田、精准施肥、随水施肥、农牧废弃物发酵肥等节肥技术；采用病虫害综合治理，理化诱杀，生物防治，使用高效、低毒、低残留农药，使用高效精准喷（撒）药器械、监测与预警、检测检疫等节药技术；采用太阳能杀虫器（装置）、太阳能照明/洗浴、物质能燃料制作与应用、高效低能耗机械或设备、替代性新能源等节电技术；采用生物质转化的清洁能源沼气、生物质气化燃气、生物质发电、太阳能热水器、生物质固化燃料等节柴技术；采用生物柴油、节油工艺/农艺、节油机械/设备等节油（石油和柴油）技术；采用生态发酵床养猪、精深加工、精准播种、精细收获、科学储运、配合饲料养殖等节粮技术；采用生产过程机械化、设施农业自动调控、新型农民的培养等减人技术。由此可见，在农业生产的产前、产中、产后，减量化技术都有着广阔的发展与应用空间。"九节一减"抓好了，不仅可以降低农业生产成本，减轻农民负担，还可以增加农民收入，保护农业生态环境，有效治理农业污染，是实施可持续发展战略的重要抓手和有效措施之一。如以貌似神秘的信息化、智能化为特征的高新农业机电装备，通过定量、精确、联合作业、自动控制等技术来实现农业资源的减量化。

二、再利用技术

再利用技术是通过延长原料或产品的使用周期，达到多次重复使用来减少资源消耗的目的。传统农业用高投入和粗放经营方式来换取短期内较高的农业产量，但要为之付出巨大的生态代价，而农产品质量还难以保证。循环农业则倡导农业资源的多级循环利用和适度的外部投入，农业产量和农产品品质却会有极大的提高，而其生产成本则会随之降低，经济效益和生态效益将明显提高。循环农业的这一特点的形成还得借助于再利用技术的应用。例如，江苏省常熟市开发研制出先进的技术工艺，把豆粕当作原料，从中提取大豆蛋白质，再加工成天然纤维，成为当今流行的"绿色纤维"，剩余的豆渣还可生产颗粒有机肥，循环用于农业。当前可用的再利用技术有3种。

1. 立体种养技术

立体种养技术是利用农作物和畜禽对生态因子需求的差异，将不同农作物集中于一个层次或单元之中，或不同畜禽分居在同一单元的不同层次上，从而充分利用空间和土地资源的技术。诸如粮菜、果粮、粮（玉米）油（花生）等间作套种，蔬菜立柱栽培、林下养菇、林下药材、果园种草或果园牧禽、果园甘薯、果园花生、舍内鸡猪分层饲养、池塘分层养鱼等。

2. 设施农业技术

利用设施保温、增温、保水、透光等特点，在北方地区变季节性种植（蔬菜、果品、花卉）为周年种植，其原理就在于设施使土地、光、气、热等农业资源得到再利用。原本自然状态下积温不够而制约着光、气、土的利用率，而设施使其内的积温达到作物周年生产的需求，并使土地、光、气有效地耦合，形成了周年生产效应。北京地区在自然状态下，一些果菜类一年内只能种一茬，如番茄、茄子、柿子椒等只能是春种夏收，一到冬天，市民们只能靠秋种的大白菜、萝卜等过日子，至于瓜、果、梨、桃等水果就别想尝鲜了。而如今，依然在同一个地方，只因采用设施栽培，则一年四季都可种植各种蔬菜和瓜、果、梨、桃，市

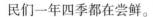

民们一年四季都在尝鲜。

3. 精深加工增值技术

农产品加工增值是发展循环农业的潜力和后劲所在。这是因为农产品加工可使单一的农业初级产品延伸开发出许多人类生活和其他产业需要的产品。有资料表明，当今世界上以玉米为原料的加工业有制粉、饲料加工、制淀粉、制糖、酿造、提胚榨油、玉米食品加工、制药等 8 个主要方面。仅以玉米面淀粉为原料的加工品已达 500 多种，那些衍生产品都不需农业自然资源的直接投入，而每精深加工一次就会带来一次增值。实践表明，精深加工是延伸循环链、提升循环效率和效益的出路所在。中国农业科学院作物科学研究所研究开发的绿豆皮综合利用加工技术，可使那些生产绿豆芽留下的大量绿豆皮变废为宝，再生产出绿豆皮全粉胶囊、绿豆皮解酒胶囊、绿豆皮膳食纤维等 3 种高附加值产品。农产品加工技术不只限于人类直接食用的农产品，还包括农业非食用生物产品，诸如秸秆、残枝落叶、果壳等的加工。如秸秆、残枝落叶等加工食用菌养殖基料、加工生物质能源、加工有机肥，甚至加工工业板材等。

三、再循环技术

再循环技术是使物质与能量持续高效率和持续高效益的动力，发展循环农业必须加强再循环技术的创新与应用。

1. 用地养地技术

土地是农业的立足之本。常言道："万物土中生，有土斯有粮。"然而土地是不可再生的农业资源，支配土地的人则是可再生的，并且随着社会经济的进步、科学的发展，世界上的人口发生着爆炸性增长，人均占有土地的份额正急速下降，并已出现全球性"生态赤字"。如何遏制或缓解这种势头，其根本出路就在于提高土地资源利用的效率和效益，使一亩地产出过去几亩地的效益来。科学实验表明，肥料对农业增产的贡献在40%上下。肥料不仅给作物提供必要的营养，还可改善土壤的团粒结构，提高土壤的通透性和保水、保肥能力。

用地养地是循环农业运营中最基本的技术措施。这里所讲到的养地主要是施用农家肥或称有机肥。因这种肥料是天然的复合肥，含有多种营养素，且来源广泛，有人畜粪便、作物秸秆、残枝落叶、农产品加工废弃物等经微生物发酵，有的腐熟后直接还田，有的制取沼气后的沼液、沼渣还田。在上列有机肥资源中，作物秸秆、残枝落叶还田的形式有直接粉碎还田，让它在土壤中发酵、腐熟成肥料；有加工成饲料经牲畜过腹还田；有加工成食用菌基质，生产食用菌后的菌棒再加工成肥料还田。利用有机物培肥地力的办法还有种植绿肥作物、施用生物肥，让它们吸收空气中的氮增加土壤肥力等。通过增肥地力来提高土地生产力，使有限的耕地产出优质、高产的产品来。

2. 节水农业技术

水是农业的命脉。20世纪70年代初以来，北京地质干旱缺水情况日益加剧，如今人均占有淡水资源300立方米，远远低于人均1 200立方米的底线，是世界上最缺水的城市之一，年用水量从24亿立方米降到目前的12亿立方米。1958年修建的密云水库曾蓄水42亿立方米，而今降到10亿立方米以下；地下水位下降到数米以下，从市中心往外已形成上千平方千米的地下"漏斗"；大部分河道断流，水库濒于枯竭。水的短缺，已使延续2 000多年历史的水稻生产退出市郊大地；许多鱼池干涸；许多农田机井由几十米深延伸到一百多米以至几百米深；数万户山上人家因人畜饮水困难而不惜搬离祖籍，迁居他乡。

然而北京人凭借着现代科学技术的支撑，通过水源涵养和节水及污水处理资源化利用，开拓出科学用水的节水农业，并构建成农业节水与水循环利用的技术体系，基本农田和标准化果园、菜地的覆盖率达100%，使有限的水资源得以有效地开发与利用，保证都市型现代农业持续又好又快地发展。

第四节　秸秆综合利用技术

一、秸秆能源化技术

秸秆的碳含量很高，如小麦、玉米等秸秆的含碳量达到40%以上；小麦、玉米秸秆的能源密度分别为13兆焦/千克、15兆焦/千克。秸秆作为农村的主要生活燃料，其能源化用量分别占农村生活用能的30%（小麦）、35%（玉米）。现行的秸秆能源化利用技术主要有秸秆直燃供热技术、秸秆气化集中供气技术、秸秆发酵制沼技术、秸秆压块成型及炭化技术等。

1. 秸秆直燃供热技术

作为传统的能量交换方式，直接燃烧具有简便、成本低廉、易于推广的特点，在秸秆主产区可为中小型企业、政府机关、中小学校和比较集中的乡镇居民提供生产、生活热水和用于冬季采暖。目前，英国、荷兰、丹麦等国家已采用大型秸秆锅炉用于供暖、发电或热电联产。我国秸秆直燃供热技术起步较晚，适合我国农村使用，运行费用低于燃煤锅炉的小型秸秆直燃锅炉的研究正在进行之中。

2. 秸秆气化集中供气技术

秸秆气化是高效利用秸秆资源的一种生物转化方式。原料经过适当粉碎后，在缺氧状态下不完全燃烧，并且采取措施控制其反应过程，使其变成一氧化碳、甲烷、氢气等可燃气体。燃气经降温、多级除尘和除焦油等净化和浓缩工艺后，由罗茨风机加压送至储气柜，然后直接用管道供给用户使用。秸秆气化集中输供系统通常由秸秆原料处理装置、气化机组、燃气输送系统、燃气管网和用户燃气系统等5个部分组成，供气半径一般在1千米以内，可以供百余户农民用气。秸秆气化经济方便、干净卫生。然而，大规模推行秸秆制气还需解决气化系统投资偏高、燃气热值偏低以及燃气中 N_2 与焦油含量偏高等问题。

3. 秸秆压块成型及炭化技术

秸秆的基本组织是纤维素、半纤维素和木质素，它们通常可在200℃、300℃下被软化。在此温度下将秸秆软化粉碎后，添加适量的黏结剂，并与水混合，施加一定的压力使其固化成型，即得到棒状或颗粒状"秸秆炭"。若再利用炭化炉可将其进一步加工成为具有一定机械强度的"生物煤"。秸秆成型染料容重为1.2~1.4克/立方厘米，热值为14~18兆焦/千克，具有近似中质烟煤的燃烧性能，且含硫量低、灰分小。其优点表现为：制作工艺简单、可加工成各种形状规格、体积小、储运方便；利用率较高，可达到40%左右；使用方便、干净卫生，燃烧时污染极小；除民用和烧锅炉外，还可用于热解气化产煤气、生产活性炭和各类"成型炭"。

二、秸秆肥料化技术

农作物秸秆中含有丰富的有机质和氮、磷、钾等营养元素以及钙、镁、硫等微量元素，是可利用的有机肥料来源。秸秆肥料化技术的关键是还田。秸秆还田技术有利于秸秆内营养成分的保存、增加土壤的有机质、培肥地力、提高作物产量、减少环境污染，是增效、增肥、改土的有效途径。

秸秆还田技术按粉碎方式可分为人工铡碎法和机械粉碎法2

种：人工法是将秸秆铡碎后与水、土混合，堆沤发酵、腐熟，均匀地施于土壤中；机械法是在田间直接粉碎还田，在人工摘穗或机械摘穗的同时，用配套的粉碎机切碎秸秆，撒铺于地表，然后再用旋耕耙 2 次，再次切碎茎秆，随之入土，此法工效高，质量好，适于大面积推广。

随着生态工程原理在农业上的深入应用，传统的秸秆还田技术也不断得到改进，由秸秆直接还田（一级转化）逐步转变为"过腹"还田（二级转化）和综合利用后还田（多级转化），使秸秆的物质和能量得到充分合理的利用，生产效益、经济效益和生态效益明显提高。

秸秆直接还田，即一级转化，又可分为秸秆就地翻压和制作秸秆堆肥。秸秆就地翻压还田的技术要求有：一是秸秆还田要及时，应选择秸秆在青绿时进行，以便加快秸秆腐烂；二是采用联合收割机收获时，如果秸秆成堆状或条状，应采取措施将秸秆铺撒均匀，以免影响秸秆还田的效果；三是在机械作业前，应施用适量的氮肥，以便加速秸秆的腐烂；四是要及时耕地灭茬和深耕；五是要浇足塌墒水，防止架空影响幼苗生长。制作秸秆堆肥还田的具体做法是把铡碎的秸秆与适量的粪、尿、土混拌，经过有氧高温堆制，或直接圈成土杂肥。高温堆肥是根据不同的地区和不同的季节，分别用直接堆沤、半坑式堆沤、坑式堆沤的方法进行堆置；自然发酵堆肥是将秸秆直接堆放在地面上，踩紧压实后，在上面泼洒一定数量的石灰水或粪水，用稀泥或塑料布密封，使其自然发酵，该法简便易行，缺点是发酵过程缓慢，时间较长。秸秆直接还田是把原来的废料转化为植物能够利用的原料，尽管对秸秆的生产能力是最低限度的发挥，但在一定程度上可缓和土壤缺肥的矛盾。

秸秆过腹还田，即二级转化，是将秸秆作为饲料，经过动物利用后，排出粪便用于还田。过腹还田不仅提高了秸秆的利用效率，而且避免了秸秆直接还田的一些弊端，尤其是调整了施入农田有机质的碳氮比，有利于有机质在土壤中的转化和作物对土壤中有效态氮的吸收。

秸秆过腹还田的方法大体上有 3 种：直接饲喂、氨化后饲喂、微生物发酵处理后饲喂。氨化处理简称秸秆氨化，指将切碎的秸秆填入干燥的壕、窖或地上垛压实，处理后的秸秆，浇过氨水，氨化后的秸秆柔软、较适口，且秸秆吸收了一定的氨，对瘤胃动物补加了一定的无机氮，有利于其生长。微生物处理秸秆的方法较多，有秸秆发酵、微贮、糖化等，都是在一定的温、湿度条件下，接种一定的菌种，使秸秆进行了厌氧（或好氧）发酵后饲喂牲畜。微生物处理秸秆，提高了秸秆的营养价值，有利于养分的转化，适口性好，价格低，且不污染环境。

秸秆综合利用后还田，即多级转化。随着生态工程研究的发展，秸秆综合利用后还田的途径越来越多，一般的循环流程是：秸秆先用来培育食用菌，菌渣作畜禽饲料（即菌糖饲料）、养蚯蚓，蚯蚓喂鸡；畜禽粪便养蝇蛆喂鸡，粪渣用来制取沼气，沼渣用来培养灵芝；最后的废料再作肥料施于农田。

三、秸秆饲料化技术

秸秆作为一种牲畜粗饲料，其可消化的干物质含量占 30% ～ 50%，粗蛋白含量占 2% ～ 3%。由于秸秆中含有蜡质、硅质和木质素，不易被消化吸收，因此，秸秆直接作饲料的有效能量、消化率和进食量均较低，必须经过适当处理以改变秸秆的组织结构，提高牲畜对秸秆的适口性、消化率和采食量。

1. 秸秆微贮饲料技术

秸秆微贮技术是将微生物高效活性的菌种——秸秆发酵活杆

菌加入秸秆中，密封储藏，经过发酵，增加秸秆的酸香味，变成草食动物喜欢食用的主饲料。该技术的特点是：一是秸秆微贮饲料成本低、效益高。在微贮饲料中，每吨秸秆干物只需 3 克秸秆发酵活杆菌。其生产成本只有氨化秸秆成本的 17%，并且饲喂效果好于氨化秸秆。二是秸秆微贮饲料消化率高。秸秆微贮后，消化率提高 21.14%～43.77%，有机物消化率提高 29.4%。三是秸秆软化，且有酸香味，增加家畜食欲，可提高采食速度 40%，食量增加 20%～40%。

2. 秸秆热处理技术

秸秆热处理技术是指采用热喷技术和膨化技术，对秸秆进行热处理。

（1）热喷技术。热喷技术是指用由锅炉、压力罐、卸料罐等组成的热喷设备对饲料进行热喷处理。经过热处理的秸秆饲料，其采食量和利用率有所提高，秸秆的有机物消化率可提高 30%～100%，其中，湿热喷精饲料比干热喷粗饲料消化率高 10%～14%。如果用尿素等多种非蛋白氮作为热喷秸秆添加剂，其粗蛋白水平和有机物消化率将有所提高，氨在瘤胃中的释放速度将降低。

（2）膨化技术。膨化技术是将原料经过连续调湿、加热、捏合后进入制粒机主体，由于螺杆、物料、脱气模与套筒间不断产生挤压、摩擦作用，使机内的气压与温度逐渐提高，处于高温、高压状态下的物料经模孔射出时，因机内气压和温度与外界相差很大，物料水分迅速蒸发，体积膨胀，使之形成膨胀饲料。其特点是：适口性好，容易消化，饲料转化率高；膨化制粒后，体积增大而密度变小，保型性好；灭菌效果好，在膨化制粒过程中物料经高温、高压处理，能杀灭多种病菌；膨化料含水率较低，通常为 6%～9%，可长期保存。

3. 秸秆青贮技术

将青绿秸秆切碎成长度为 1~3 厘米的碎块后，放入窖中，当装至 20~25 厘米厚时，人工踏实。依此类推，直至装满（高出窖面 0.5~1 米），然后严密封顶。其要求：切碎长度要严格一致，添加尿素和食盐要拌均匀，踏实不留空隙，封顶不许有渗漏现象。一般经过 50~60 天便可饲喂。其优点是青贮饲料营养成分含量高，软化效果好，含水量一般在 70%左右，质地柔软、多汁、适口性好、利用率高，是反刍动物在冬、春季的理想青饲料。

4. 秸秆氨化技术

秸秆氨化技术指利用氨的水溶液对秸秆进行处理。氨化时，预先将含水量在 35%~40%的秸秆切成 2 厘米左右的长度，均匀地喷洒氨水或尿素溶液，然后用无毒塑料膜盖严密。经过氨化处理的秸秆，其纤维素、半纤维素与木质素分离，使细胞壁膨胀，结构松散；秸秆变得柔软，易于消化吸收；饲料粗蛋白增加，含氮量增加一倍。

四、秸秆材料化技术

秸秆不仅可以用来生产保温材料、纸浆原料、菌类培养基、各类轻质板材和包装材料，还可用于编织业、酿酒制醋和生产人造棉、人造丝、饴糖等，或提取淀粉、木糖醇、糖醛等。这些综合利用技术不仅把大量的废弃秸秆转化为有用材料，消除了潜在的环境污染，而且具有良好的经济效益，实现了自然界物质和能量的循环。

1. 生产可降解的包装材料

用麦秸、稻草、玉米秸、棉花秸秆等生产出的可降解型包装材料，如瓦楞纸芯、保鲜膜、一次性餐具、果蔬内包装袋衬垫

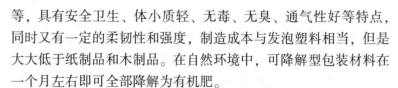

等，具有安全卫生、体小质轻、无毒、无臭、通气性好等特点，同时又有一定的柔韧性和强度，制造成本与发泡塑料相当，但是大大低于纸制品和木制品。在自然环境中，可降解型包装材料在一个月左右即可全部降解为有机肥。

2. 生产建筑装饰材料

将粉碎后的秸秆按照一定的比例加入黏合剂、阻燃剂和其他配料，进行机械搅拌、挤压成型、恒温固化，可制得高质量的轻质建材，如秸秆轻体板、轻型墙体隔板、黏土砖、蜂窝芯复合轻质板等，这些材料成本低、重量轻、美观大方，而且生产过程中无污染。目前，秸秆在建材领域内的应用已相当广泛，由于产品附加值高，且能节约木材，具有发展前景。

3. 生产工业原料

玉米秸、豆荚皮、稻草、麦秸、谷类秕壳等经过加工所制取的淀粉，不仅能制作多种食品与糕点，还能酿醋酿酒、制作饴糖等。如玉米秸含有 12%～15% 的糖分，其加工饴糖的工艺流程为：原料—碾碎—整料—糖化—过滤—浓缩—冷却—成品。

4. 用作食用菌的培养基

秸秆营养丰富、成本低廉，适宜作为多种食用菌的培养料。目前国内外用各类秸秆生产的食用菌品种已达 20 多种，不仅包括草菇、香菇、凤尾菇等一般品种，还能培育出黑木耳、银耳、猴头、毛木耳、金针菇等名贵品种。一般 100 千克稻草可生产平菇 160 克；而 100 千克玉米秸秆可生产银耳、猴头或金针菇 50～100 千克，可产平菇或香菇等 100～150 千克。上海农学院一项测定证明，秸秆栽培食用菌的氮素转化效率平均为 20.9% 左右，高于羊肉（6%）和牛肉（3.4%）的转化效率，是开发食用蛋白质资源、提高居民生活水平的重要途径。

5. 用于编织业

秸秆用于编织业最常见、用途最广的就是稻草编制草帘、草苫、草席、草垫、草编制品等。

第五节　病虫草害防治技术

一、病虫害农业防治技术

农业防治是指综合运用栽培、耕作、施肥、品种等农业手段，对农田生态环境进行管理来控制病虫草害的为害。

1. 合理利用土地

合理利用土地就是因地制宜，选择对作物生长有利，而对病虫草害不利的田块，如抑病土壤。选择地块要考虑病虫草害的潜在危险。合理密植、控制植被覆盖率可以防治病虫害，如东亚飞蝗大多在覆盖率为 50% 以下地面繁殖。因此，宜垦蝗区植树种草，可以达到良好的效果。许多病害在高密度种植田，因田间湿度大、不通风透气而发生严重。松树合理密植以迅速形成林冠可有效地降低欧洲松鞘蛾的为害。水稻过度密植时，稻飞虱、叶蝉发生量加大，稻纹枯病发生加重；小麦过密种植时，对黏虫、麦蚜发育有利；棉铃虫也喜在过密的棉田产卵为害。

2. 深翻改土

深翻改土防治害虫主要是改变土壤的生态条件，抑制其生存和繁殖。将原来土壤深层的害虫翻至地表，破坏其潜伏场所，通过日光暴晒或冷冻致死；有些原来在土壤表层的害虫被翻入深层不能出土而致死。地下害虫在冬、夏潜伏深层，通过深耕将这些害虫翻至土表晒死或冻死。土壤翻耕将杂草深埋入土，是防除杂草的有效手段。

3. 改进耕作制度

（1）合理的农作物布局。农作物的合理布局不仅有利于作物增产，也有利于抑制病虫害的发生。例如，南方稻区若连片种植同一成熟期的水稻，螟害一般较轻；早熟、中熟和晚熟混合种植，则螟害较重。

（2）合理轮作。轮作对单食性或寡食性害虫可起恶化营养条件的作用。例如，东北实行禾本科作物与大豆轮作，可抑制大豆食心虫的发生。不少地区实行稻麦轮作，可抑制地下害虫、小麦吸浆虫的发生为害。轮作对于土传病害及传播能力有限的土栖害虫防治尤为有效，其基本原理是切断食物链，使病虫饥饿死亡。轮作的作物不能有共同的主要病虫害。轮作时间长短取决于病虫在无食状况下的耐久力，一般需 2~3 年。水旱轮作是最好、最常用的方法。

（3）间作套种。有些地区实行棉麦间作套种、棉蒜间作套种，可大大减轻棉蚜为害。但间作不当会加剧害虫为害，如棉花与大豆类作物间作套种、棉花与芝麻间作套种易造成叶蝉的大发生，应予以避免。

4. 抗性育种的利用

同种作物的不同品种对病虫的受害程度差异不同，表现出作物的抗病虫性。利用丰产抗性品种防治病虫害是最经济、最有效的措施。

目前作物抗性育种的特点是对各种主要病虫害的单项抗性研究向综合抗性发展，单项抗性研究所育成的品种，只能抵抗某一种病虫害的少数生理型，这种抗性易受地域或环境变化影响，不太稳定。而综合抗性研究所育成的品种，能抵抗多种病虫或某一病害的多种生理型，受地域或环境的变化影响小。世界各国在抗病虫育种方面已取得一定的成效。例如，在水稻方面，国际水稻研究所每年都能育出新的丰产抗性品种，如抗黑尾叶蝉的 IR1524、IR1480 等，抗稻飞虱、螟虫、黑尾叶蝉的 IR133 等。我国在抗性育种方面也取得了一些成绩，如已选育出多个抗螟玉米自交系品种，经田间试验验证，抗螟效果显著。许多重要病害（如多种作物的白粉病和锈病，以及棉花枯萎病、水稻白叶枯病、稻瘟病等）都能利用抗病品种防治。

5. 水肥管理

灌溉可影响土壤湿度及农田小气候，从而影响病虫害发生。如采用滴灌可减少土壤湿润面积以至减少作物病害发生，而灌水过勤可使作物贪青生长，使病虫发生较重。旱田改水田可抑制地下害虫的生存。有的病虫害在排水不良、土壤渍水时发生严重，因此在田间用水方面一定要积累经验，把握好灌溉的时间、用水量与次数，尽量减少病虫害的发生。

施肥种类与水平对病虫害有很大影响。过量施用氮肥往往导致植株疯长，作物抗性下降，病虫发生加剧，尤其有利于蚜虫、叶蝉、飞虱、介壳虫等刺吸式口器害虫的发生。绿色食品生产强调施用有机肥，但必须在施用前充分腐熟。豆科绿肥富含营养物质，翻埋后可使土壤生物变得相当活跃，可抑制病原物并可溶解病菌细胞。例如，在马铃薯地里施用绿肥，可大大减轻疮痂病的发生。大量事实证明，豆科覆盖物对小麦全蚀病具有抑制作用。重施基肥，早施追肥，可促使作物生长健壮，从而加强作物的抗病虫能力。

6. 田园卫生

及时清除田园枯枝落叶、残株残茬等予以销毁，可以破坏病虫害越冬场所和压低种群密度。例如，及时收捡田间落蕾、落花、落铃，收花后摘除枯铃，可大大压低棉花红铃虫的基数；在病害发生时及时摘去发病中心的病叶病果、清除残枝败叶，都可大大减少病原物。茶白星病、茶饼病发生严重的茶园，通过摘除病叶、清除落叶，可减轻发病程度。在秋冬季剪除病虫枝叶，清蔸亮脚，促进茶园、果园通风透气，有利于天敌生存，减少病虫越冬基数。

消灭病虫的交替寄主和农田杂草，也就消灭了病虫越冬场所，如小麦秆锈病和梨锈病的交替寄主是桧柏，在麦田和梨园附近清除桧柏，可显著减轻这2种病害的发生。很多害虫的越冬寄主是农田及其周围的其他植物（包括杂草），在秋冬季清除这些寄主植物，有利于减少来年的害虫发生基数。

二、病虫草害生物防治技术

生物防治是利用有害生物的天敌和动植物产品或代谢物对有害生物进行调节、控制的一种技术方法。生物防治分为狭义的生物防治和广义的生物防治，狭义的生物防治仅指直接利用天敌来控制病虫草害；广义的生物防治还包括利用生物有机体或其天然（无毒）产物来控制病虫草害。

1. 作物虫害的生物防治

（1）以虫治虫。以虫治虫是有害生物防治中最早使用的技术。它主要是根据生态学原理，利用害虫的天敌昆虫通过寄生或捕食的方法进行害虫防治。其防治的主要途径有保护和利用本地自然天敌昆虫、人工繁殖和释放天敌昆虫、引进外来天敌等。

①益虫的保护：利用保护和利用本地自然天敌昆虫较易实施，但由于各种因素的干扰，常不能充分发挥其抑制害虫的作用。可通过改善或创造有利的环境条件，促进天敌繁殖发展，以充分发挥其防治效果。对捕食蚜虫的七星瓢虫实行室内保护，降低其越冬死亡率，翌年再释放到田间。在果园、茶园行间铺盖稻草，以保护天敌越冬越夏。间接保护天敌的方法是应用农业技术

措施保证天敌昆虫有足够的营养，降低死亡率，提高寄生率，增加天敌数量，尽量减少化学农药的使用以及选择对天敌杀伤力弱的无公害生物制剂，避免对天敌的杀伤作用。

②益虫的繁殖和释放：大量繁殖与释放天敌昆虫是利用本地天敌的一种方法。通过大量繁殖与释放可以增加天敌的数量，特别是在害虫发生为害的前期，天敌的数量往往较少，不足以控制害虫的发展趋势，这时补充天敌的数量，常可收到较显著的防治效果。天敌的引进同样要求解决大量繁殖技术问题。天敌引进后要求隔离饲养若干世代，避免引入蚕寄生及其他有害种类，同时获得足够的数量以供释放。关键技术是选择适宜的转换寄主、合适的释放时间、适宜的释放方法和释放量、释放前的保存方法以及防止生活力退化等。天敌大量繁殖的基本方法包括利用天敌的自然寄主或猎物繁殖天敌、利用替代寄主或猎物繁殖天敌、利用半合成人工饲料培养寄主或培养天敌等。

③益虫的引进：引进天敌防治害虫已成为害虫防治的一个重要领域，特别是在害虫原产地引进天敌防治新侵入害虫，被认为是一项非常有效的措施。美国1888年自澳大利亚引进澳洲瓢虫，在加利福尼亚州成功地解决了吹绵蚧的为害问题。我国自1955年引入澳洲瓢虫到广东，也解决了吹绵蚧的为害问题。1979年以来，由中国农业科学院生物防治研究室负责我国害虫天敌的引进工作，到目前为止，我国已与20多个国家开展了天敌交流，引进天敌200多种次，输出天敌150种次。其中已显示良好效果的有丽蚜小蜂、西方盲走螨、智利小植绥螨、黄色花蜡、苏云金芽孢杆菌戈尔斯德亚种HD-1等。如1979年自英国、瑞典引入北京的丽蚜小蜂，1983年已在360间温室进行试验，并成功地控制了温室白粉虱的为害，目前已在北京、天津、辽宁等地推广。1983年自美国引入广东、吉林、江苏的欧洲玉米螟赤眼蜂防治

玉米螟和蔗螟也已取得显著的成效。

（2）以菌治虫。引起昆虫致病的微生物有细菌、真菌、病毒、立克次氏体、原生动物、线虫等。目前国内外使用最广的是细菌、真菌和病毒，其中有些种类已成功地用于害虫的防治，获得了巨大的经济效益和良好的环境效益。

①细菌杀虫剂：从昆虫体内分离出来并能使昆虫发病的细菌有90多个种或变种。利用昆虫病原细菌防治害虫是微生物治虫的重要方面，特别是苏云金芽孢杆菌，其使用量最大，防治面积最广，防治效果好，成为当前开展害虫生物防治的有效措施。

苏云金芽孢杆菌是微生物治虫中应用最为成功的一例，具有杀虫速度快、治虫范围广、杀虫效果较稳定、受环境影响较小等特点。苏云金芽孢杆菌菌体或芽孢被昆虫吞噬后在中肠内繁殖，芽孢在肠道中经16~24小时萌发成营养体，24小时后形成芽孢，并放出毒素。苏云金芽孢杆菌可产生2种毒素：伴孢晶体毒素和苏云金素。昆虫中毒后先停止取食，然后肠道被破坏乃至穿孔，芽孢进入血液繁殖，最后昆虫因饥饿、衰竭和败血症而死亡。哺乳动物和鸟类胃中的酸性胃蛋白酶能迅速分解苏云金芽孢杆菌的2种毒素，因此当人畜和禽鸟误食苏云金芽孢杆菌不会中毒，更不会死亡。

近几十年来，世界各国从鳞翅目幼虫中分离与苏云金芽孢杆菌相类似的各个变种和新种。有的已作为细菌农药的生产菌株，有的则作为新菌株保存。到目前为止，已发现16个血清型，26个变种。我国20世纪50年代末开始生产苏云金芽孢杆菌青虫菌，70—80年代在研究和应用方面均得到迅速发展，至1990年年产量超过1 500吨。在无公害蔬菜生产中，苏云金芽孢杆菌已成为主要的生物杀虫剂，主要的生产菌种有HD-1（从美国引进）、青虫菌（从苏联引进）、7216菌（湖北天门生物防治站培养）、8010 菌（原福建农学院植物保护系培养），产品有粉剂、乳剂和悬浮剂。我国在研究、生产、应用苏云金芽孢杆菌方面已居世界先进行列，国内有生产苏云金芽孢杆菌乳剂的工厂数十家，除在国内应用外，还出口南亚等地。

病毒杀虫剂目前已知能用于防治昆虫和螨类的病毒有 700 多种，分属 7 科，主要寄主是鳞翅目害虫，有 500 余种。世界上现生产有 30 多种昆虫病毒制剂。1993 年我国第一个登记的病毒制剂是棉铃虫多角体病毒。昆虫病毒有较强的传播感染力，可以造成昆虫流行病。在生产与应用上已有许多成功实例，主要是核型多角体病毒、质型多角体病毒和颗粒体病毒。核型多角体病毒寄主范围较广，主要寄生鳞翅目昆虫。经口服或伤口感染进入体内的病毒被胃液消化，游离出杆状病毒粒子，经过中肠上皮细胞进入体腔，侵入体细胞并在细胞核内大量繁殖，而后再侵入健康细胞，直至昆虫死亡。病虫粪便和死虫中的病毒再侵染其他昆虫，使病毒病在害虫种群中流行，从而控制害虫为害。

核型多角体病毒也可通过卵传给昆虫子代，且专化性很强，一种病毒只能寄生一种昆虫或邻近种群。核型多角体病毒只能在活的寄主细胞内增殖，比较稳定，在无阳光直射的自然条件下可保存数年不失活。迄今为止，未见害虫对核型多角体病毒产生抗药性。核型多角体病毒对人、畜、鸟类、鱼类、益虫等安全。核型多角体病毒不耐高温，易被紫外线杀灭，阳光照射会使其失活，也能被消毒剂杀灭。因此，核型多角体病毒对生态环境十分安全。

我国已有 10 多种昆虫病毒制剂投入生产。在湖北、河南、河北等地建成了 5 座病毒杀虫剂厂，所生产的 6 种病毒杀虫剂效果十分明显。据中国科学院武汉病毒研究所报道，应用棉铃虫核型多角体病毒防治第 3 代棉铃虫的效果可达 86.2%。病毒杀虫剂在我国试验、示范、开发应用的面积已达 1.53×10^7 公顷，用于防治的面积达 6.0×10^7 公顷。

②真菌杀虫剂：昆虫病原真菌简称虫生真菌，目前有 700 多种，研究应用较多的有白僵菌、绿僵菌、轮枝霉、座壳孢等。它们经表皮感染，在合适的温度条件下，附着在虫体表面的孢子萌发产生芽管而穿入寄主表皮，在血腔中以昆虫体液为营养生长繁殖，随着血淋巴充满整个血腔而使寄主死亡。也有一些寄主未待真菌在血腔中生长旺盛，就已被真菌产生的毒素杀死。此类虫生真菌的特点是容易生产，使用后可在自然界中再次侵染，形成害虫流行病。但在使用时，对环境的温度、湿度要求较严格，感染时间较长，防治见效较慢。

白僵菌用于防治的害虫有 30 多种，已被世界各国广泛应用。美国多用于防治森林害虫，苏联用于防治马铃薯象甲。我国北方用于大面积防治玉米螟、大豆食心虫，南方用于防治松毛虫，均取得显著防治效果。主要使用方法是常规喷雾、喷粉，或用飞机超低量喷雾防治大面积农林害虫，也有制成颗粒剂用于防治玉米螟等。此外还可用放粉炮、挂菌粉袋等方法释放白僵菌。

绿僵菌杀虫谱广，可寄生 200 余种昆虫、螨类和线虫，现已有一些国家工业化生产。

我国福建应用挂枝法接种座壳孢菌可以有效地防治柑橘粉虱，其平均寄生率为 75.46%，流行高峰期寄生率可达 96%。挂枝一次，该菌就能定居在柑橘园。北京市用于防治温室白粉虱也取得较好的控制效果。我国北方用蜡蚧轮枝菌防治温室中的白粉虱和蚜虫取得了明显的效果。中国农业科学院茶叶研究所用韦伯虫孢菌防治黑刺粉虱，取得了良好的防治效果。

（3）生物防治植物治虫。生物防治植物又称为害虫生物防治植物，狭义的生物防治植物是指直接用于农作物生产中害虫生物防治的植物或作物；广义的生物防治植物包括直接和间接用于作物害虫防治的植物和天然植物提取物。

根据植物的主要功能，害虫生物防治植物可以概括为3种类型：具有特殊化学特征或物理特征的植物，如天然抗虫的抗性作物、杀虫植物，或具有天然诱导或拒避化学物质的植物，如诱集植物和拒避植物等；具有为天敌提供营养的植物或作物，如载体植物、特定显花植物、养虫植物等；可以为有益生物提供替代栖息生境或种库的植物（如杂草）。

从植物或作物生态系统角度分析，生物防治植物又可分为作物性植物和非作物性植物2类。前者是一些生产性的作物，可以直接用于农业生产，包括抗虫粮食作物和抗虫经济作物；后者是非作物的植物，如诱集植物、拒避植物、杀虫植物、载体植物、特定显花植物等。

生物防治植物主要通过3种途径起作用：直接杀灭或抑制、拒避害虫，减少害虫的取食量，如杀虫植物、抗性作物、诱集植物和拒避植物；通过影响有益生物来提高害虫控制作用，如直接或间接地为有益生物繁殖提供有利条件，从而增加有益生物的种群数量，进而提高生物防治效果，这类植物包括载体植物、特定显花植物或特定杂草，如美国佛罗里达大学开发的木瓜载体植物系统等；不参与农田中害虫直接控制作用，但间接与害虫防治发生关系，如养虫植物。

在现代农作物生态生产中，各种生物防治植物，包括抗性植物、诱集植物或拒避植物（或者说植物源农药）、载体植物系统等集成，组装成综合应用技术也是未来的重点研究方向。

（4）其他动物治虫。鸟类是害虫的一大类天敌，如一只灰椋鸟每天能捕食180~200只蝗虫；大山雀每昼夜吃的害虫量约等于自身的质量；一只燕子一天能消灭上千只毛虫；啄木鸟能啄食树干中的各种蛀心虫；麻雀能有效地控制农田、果园、菜地的各种害虫。常见的鸟类捕虫能手还有灰喜鹊、白头翁、黄鹂、杜鹃等。因此，保护森林，种植防护林、行道树，可以招引鸟类来捕食害虫。

我国稻田蜘蛛资源十分丰富，有120多种，它们分布在稻株上、中、下3层，有布网的，有不结网过游猎生活的，捕食飞虱、叶蝉、螟虫、稻纵卷叶螟、稻苞虫等。发生量最大的主要是分布在稻株中下层的环纹狼蛛、拟水狼蛛、草间小黑蛛、八斑球腹蛛等，常占蜘蛛总量的80%左右，是控制飞虱、叶蝉的重要天敌。棉田蜘蛛130余种，常见的有25余种，常年以草间小黑蛛、T纹豹蛛和三突花蛛最多，是控制棉田害虫的优势种群。

此外，利用鸭子捕食稻田害虫，利用鸡啄食果园、茶园的害虫，保护青蛙、猫头鹰、蛇等，都能有效地防治各种害虫。

2. 作物病害的生物防治

病毒生物防治技术就是把自然状态下与病原微生物存在拮抗作用或竞争关系的极少量微生物，通过人工筛选培养、繁殖后，再用到作物上，增大拮抗菌的种群数量，或是将拮抗菌中起作用的有效成分分离出来，以工业化大批量生产，作为农药使用，达到防治病害的目的。前者称为微生物农药，后者称为农用抗生素。病害生物防治主要用于防治土传病害，也用于防治叶部病害和收获后病害。

（1）植物病害拮抗微生物。防治植物病害的微生物主要有细菌、真菌、放线菌、病毒等。

①细菌：已发现有20多属细菌具有与病原微生物的拮抗作用。应用细菌防治病害最成功的是澳大利亚用土壤中分离的放射土壤杆菌K84菌株防治桃树等果树及林木冠瘿病，其防治效果达90%以上，先后在澳大利亚、法国、美国等10多个国家大面积

推广应用成功。我国也引进和分离了该菌种，应用于杨树、葡萄的冠瘿病防治，并取得了很好的效果。取得成功的菌种主要有土壤杆菌、假单胞菌、芽孢杆菌等，该类微生物具有繁殖快、生产时间短、成本低的优点，与病原菌有共同的生态适应性，可以从中提取抗生素。

近年来，利用荧光假单胞菌防治植物病害的例子越来越多，如防治棉花立枯病、棉花猝倒病、小麦根腐病、烟草黑胫病、水稻鞘腐病等，表明利用微生物防治植物病害是完全可行的。

目前研究较多的是枯草芽孢杆菌，其次是蜡质芽孢杆菌。1995年，江苏省农业科学院植物保护研究所通过筛选大量土壤拮抗微生物而获得一种土壤枯草芽孢杆菌拮抗菌B916，其生物发酵液能有效地控制水稻纹枯病和稻曲病。1995年河南省农业科学院植物保护研究所从郑州苹果园中分离得到枯草芽孢杆菌拮抗菌B-903，其代谢产生的抗菌物质对多种植物病原真菌，尤其对多种镰刀菌引起的土传病害有强抑制作用，显示了良好的潜在应用前景。1993年，王雅平等自丝瓜根际分离到一种枯草芽孢杆菌TG26，活菌体及其发酵粗蛋白对包括水稻稻瘟病菌、玉米小斑病菌、小麦赤霉病菌等13种病原真菌及烟草青枯病原细菌等有很好的抑制作用。1993年，西南农业大学（现更名为西南大学）自水稻稻株上分离获得一株蜡质芽孢杆菌R2，对水稻纹枯病菌的拮抗性和防病效果良好。

②真菌：现筛选出的真菌主要有重寄生真菌、低毒力真菌等。

木霉：木霉是一类较理想的生物防治益菌，分布广泛，易分离和培养，可在许多基质上迅速生长，对多种病原菌有拮抗作用，是目前研究和应用最多的一类生物防治菌。

哈茨木霉：从水稻叶面分离得到哈茨木霉，经拮抗作用测定，发现对白绢病菌菌丝有很强的溶解作用，对菌核有寄生作用。哈茨木霉菌株对白绢病菌、立枯丝核菌、瓜果腐霉、刺腐霉和尖孢镰刀菌有较强的拮抗作用。

康氏木霉：康氏木霉对棉花立枯菌的抑制作用很强。木霉与麦麸等原料混合制成菌剂，田间小区试验对棉苗立枯病情指数减轻63.4%。

食线虫真菌：食线虫真菌主要包括四大类：捕食线虫真菌、内寄生真菌、产毒素杀线虫真菌，以及定殖于固着性线虫卵、雌虫、胞囊的机会病原真菌。目前全世界报道的食线虫真菌类400多种，我国报道的种类有163个。

③放线菌：放线菌用于生物防治有许多成功的实例。我国记载20世纪50年代从苜蓿根系获得的5406放线菌，试验后用于防治棉花病害、水稻烂种、小麦烂种等多种病害取得显著效果。农用链霉素是放线菌的代谢物，杀菌谱广，防治多种细菌性病害效果明显，已广泛应用于农业生产。

④病毒：利用病毒防治病害的原理是利用交叉保护防治病毒及用真菌传带病毒防治真菌。比较典型的例子是在巴西用高压枪将弱毒的柑橘速衰病毒接种在柑橘苗上，使其本身产生抗体，从而有效地保护近亿株的柑橘苗免遭柑橘速衰病毒的为害。我国也曾用该方法，用番茄花叶病毒弱毒株 N11、N14 大面积防治花叶病毒。目前应用成功的例子多限于一些经济价值高的作物上，农田应用得较少。

（2）农用抗生素。抗生素是微生物、植物、动物在其生命活动过程中所产生的次级代谢物，能在低浓度下有选择地抑制或影响其他生物机能。我国的农用抗生素研究起步于20世纪50年代，经过几十年的研究，取得了很大的成就，开发和应用了井冈霉素、农抗120、内疗素、公主岭霉素、多效霉素、春雷霉素、多抗霉素、中生菌素等抗生素。

①井冈霉素。井冈霉素是我国从井冈山分离的吸水链霉菌的一个变种，于20世纪70年代开发成功，经久不衰，至今仍是防治水稻纹枯病的当家品种，使用面积达$2.0×10^5$公顷，并在原有水剂的基础上，开发出高含量的可溶性粉剂。井冈霉素具有以下特点：药效高，施药量为45～75克/公顷时可达到90%以上的防治效果；持效长，一次用药能保持14～28天的防治效果；有治疗作用，水稻发病后治疗效果尤为明显；增产效果显著，平均每公顷增产550.5千克。

②农抗120：农抗120是刺孢吸水链霉菌北京变种，是从北京土壤中分离获得的。农抗120对瓜菜枯萎病、小麦白粉病、小麦锈病、水稻纹枯病、番茄早疫病、番茄晚疫病等均有很好的疗效，防治效果均在70%～90%。

③内疗素：内疗素是从海南岛土壤中的刺孢吸水链霉菌中分离获得的。1～10毫克/千克浓度的内疗素即能抑制多种致病真菌的生长。内疗素防治谷子黑穗病的平均防治效果达95%以上。此外，内疗素也能有效地防治红麻炭疽病、甘薯黑斑病、橡胶白粉病、白菜霜霉病等。

④多效霉素：多效霉素是从我国广西土壤中的不吸水链霉菌白灰变种分离得到的。它含有B、C、D、ES等4种以上抗生素，对多种植物病原真菌、细菌、线虫等均有抑制和杀伤作用。因其有效成分多、防治范围广，故称为多效霉素。多效霉素对橡胶溃疡病有很好的防治效果，防治效果为80%～90%；对红麻炭疽病、苹果树腐烂病、柑橘树流胶病、水稻纹枯病、黄瓜霜霉病、甘薯线虫病等均有良好的防治效果。

⑤公主岭霉素：公主岭霉素是从我国吉林公主岭土壤中的不吸水链霉菌公主岭变种分离到的。公主岭霉素的主要成分为脱水

放线酮、异放线酮、奈良霉素 B、制霉菌素和苯甲酸 5 种。其中以放线酮类活性较高，其次是制霉菌素，苯甲酸活性最低。公主岭霉素对种子表面带菌的小麦光腥黑穗病、高粱散黑穗病和坚黑穗病、谷子和穄子黑穗病等的防病效果一般在 95% 以上，同时对土壤传染的高粱和玉米丝黑穗病也有一定的防治效果。

⑥春雷霉素：春雷霉素是中国科学院微生物研究所 1964 年从江西太和县的土壤中分离得到的一株金色放线菌产生的抗生素。春雷霉素对稻瘟病菌、绿脓杆菌和少数枯草芽孢杆菌有很强的抑制作用。防治稻瘟病的使用浓度为 40 毫克/升。

⑦多抗霉素：多抗霉素是中国科学院微生物研究所 1967 年从安徽合肥市郊区菜园土壤中分离得到的一株放线菌产生的抗生素。多抗霉素具有广泛的抗真菌谱，能用来防治烟草赤星病、番茄灰霉病、黄瓜霜霉病等多种病害。

⑧中生菌素：中生菌素是中国农业科学院生物防治研究所从海南的土壤中分离得到的。中生菌素各组分均为左旋化合物，属于 N-糖苷类抗生素，是一种多组分碱性水溶性物质。中生菌素对水稻白叶枯病、大白菜软腐病、十字花科黑腐病、十字花科角斑病有良好的防治效果，喷药 2 次防治效果达 80% 以上。

此外，在我国农业上推广应用的抗生素还有武夷霉素、浏阳霉素、庆丰霉素、科生霉素、农抗 101、农抗 1874、农抗 86-1 等。

3. 作物草害的生物防治

（1）以虫治草。国外在大面积应用昆虫防除杂草方面已取得了成功的经验，如澳大利亚从阿根廷引进鳞翅目昆虫防治仙人掌，美国从墨西哥引进马缨丹网蝽防治马缨丹均取得了成功。其原理是在该种杂草的原产地，筛选以该种杂草为食的一些昆虫，而这些昆虫食性单一，昆虫本身的特性与该种杂草的生长环境相适应，易于人工培养。引入后通过隔离试验，认为确实有效，且对生态环境及对作物和人类无副作用的才在生产上使用。我国已成功地利用广聚萤叶甲防治豚草，对重要的有害入侵植物水浮莲、喜旱莲子草等也正在研究应用昆虫防治。

（2）微生物治草。利用寄生在杂草上的病原微生物，选择高度专一寄生的种类进行分离培养，再应用到该种杂草的防治上。目前已知的杂草病原微生物主要有真菌、病毒等40多种。我国在这方面已取得了一些成功的例子，如山东省农业科学院植物保护研究所从大豆菟丝子上分离得到一种无毛炭疽病菌，能专一寄生大豆菟丝子，致使菟丝子发病死亡，而对大豆、花生、高粱、玉米、烟草等作物不产生致病性。这种病菌曾工厂化生产，商品名为鲁保1号，在山东、安徽、陕西、宁夏等地推广，防治效果稳定在85%以上，挽回大豆损失30%～50%。但因后期该病菌孢子发生变异，生产工艺难以解决，致使防治效果下降而逐渐停止使用。又如，我国在哈密瓜田恶性杂草列当病株上分离得到一种镰刀菌，培养生产出F798生物防治剂，该菌的专一性强，可使列当发病变色、萎蔫枯死，防治效果在95%以上。

下篇　乡村振兴创业带头人风采

第九章　典　型　案　例

案例1　一个在共同致富的道路上执着创新的"新农人"
——记石家庄市农林科学研究院"现代青年农场主"
培育班学员　　纪兵怀

河北省晋州市是传统的林果大县，农业基础设施条件一般，多年来，由于散乱、小的传统林果种植模式导致果树新品种更新缓慢，新技术应用滞后，农业创新能力不强，信息化程度低，土地收益差，农民种植积极性不高，传统的林果种植模式已严重制约了当地农业的发展。

2013年纪兵怀返乡创业，开始土地流转，发展林果种植，他注重果树新品种的应用和种植模式的创新，在保证果品质量上下功夫。2013年种植桃树50亩，引进6个不同类型的桃新品种，经过3年的精心培育、绿色防控、科学管理，桃树长势理想，产品质量高，尤其桃的口感好，使其50亩桃子供不应求。在纪兵怀的带动下，周边农民也开始桃树种植，纪兵怀召集乡亲们到自己的果园参观，技术指导，帮助农民掌握了先进的技术，带动农户进入专业化、标准化、集约化生产，提高桃子的质量，到了采摘期，纪兵怀为乡亲们找来收桃客商，统一收购，使农民增收、增效。

纪兵怀善于学习，与河北农业大学、河北省农林科学院、河北省林业科学研究院、石家庄市农林科学研究院和晋州市农业农村局的老师、专家建立了良好的沟通桥梁，在果树生产的各个关键环节和技术上以及突发的各种灾害性状况，都能提前或及时地进行沟通与处理。纪兵怀始终在努力提高自身素质，2018年参加石家庄市农林科学研究院组织的"新型职业农民现代青年农场主"培育班，2020年参加"高素质农民"培育班，均取得很好的培育效果。为更好地发展壮大本地的林果产业，同年纪兵怀注册石家庄康丰农业科技有限公司并担任总经理。而后又注册中国农学会科技志愿者，并担任中国农学会科技志愿者晋州分队技术员，负责技术推广工作，打造标准样板田10个，带动周边农民300余户，辐射林果面积5 000余亩。实行统一技术管理、统一农资供应、统一产品回收，只要农户有需求，纪兵怀第一时间赶到农户地里，亲自技术指导。冬剪的时候，纪兵怀都会到农户地里，手把手地传授技术，并且建了康丰农业技术群，方便与农户交流，同时把技术方案发到群里，该施肥了，通知大家，该打药了通知大家。纪兵怀兢兢业业，默默无语地为大家服务，科普助农，服务于农。

辛勤的努力，换来了丰硕的成果，经过7年的拼搏，不但使自己走上了勤劳致富的道路，也带领周边农民在林果种植上走出了一条新型的共同发展新模式，使农民增效、增收。2020年纪兵怀被石家庄市农林科学研究院评为优秀学员荣誉称号。

关于未来的发展，纪兵怀信心满怀，公司将继续肩负行业使命，以生产健康、安全、绿色农产品为己任，带动农民增收为最终目标，依托基地优势，以电子商务为切入点，发掘休闲、旅游、文化、农家乐、科普助农、采摘园等人们喜闻乐见的新的经济增长点，努力延长产业链条和提高产品附加值，积极引导地方种植业向规模化、标准化、品牌化发展，为构建产业化、市场化、集团化的体系而努力。

案例2　返乡创业的共同致富带头人

—— 记石家庄市农林科学研究院"现代青年农场主"
培训班学员　　贾高培

贾高培，晋州市东里庄镇农民专业合作社联合社主任。2012年开始返乡从事农业生产，加入晋州市佳邦果品专业合作社并担任监事长，2016年注册晋州市东里庄镇农民专业合作社联合社、注册资金300万元。2016年参加石家庄市农林科学研究院组织的新型职业农民"现代青年农场主"培训班，通过培训学习，2016年11月注册河北硒康食品有限公司并担任总经理，现有富硒葡萄园区占地120亩，以特色富硒葡萄种植、储藏、销售、加工为主业，带动周边农民540余户，带动面积5 000余亩，提供就业农村妇女300余名，长期工人12人。9年来，贾高培多次参加河北农业大学、河北经贸大学、河北省农林科学院、石家庄市农林科学研究院组织的新型职业农民青年农场主、高素质农民培训等，把培训学习中学到的技术、知识充分利用到实际中，在企业管理和产品技术上形成自己的独特和特色，不但使企业获得了快速、健康的发展，而且在现代农业高效种植道路上创新了带领周围农民共同致富的新模式，赢得了市领导的肯定和农民的欢迎，多次受到省市电视台的报道，2019年被评为"河北省冀青之星"。

一、基地示范引导，推动当地农业结构转调

河北省晋州是林果大县，农业基础设施条件一般，经济相对落后，多年来，零散乱的传统农业种植模式导致的结果是农业创新能力不强，信息化程度低，土地收益差，农民种植积极性不

高，传统农业模式已严重制约了当地农业的发展。2012 年，贾高培返乡带动农户经过品种改良、精心培育，特色种植、科学管理，葡萄长势理想，加之近年来葡萄价格一路上涨，之前很多人因为管理技术不到位、产品质量差效益低，通过统一管理模式实现了较好的收益，在他的带动下，周边几个乡镇就发展成了葡萄规模种植基地，使农民每亩提高收入 2 000 元。2016 年底，贾高培受新型职业农民青年农场主培训启发，他又拓宽思路，开始土地流转 120 亩，作为富硒葡萄采摘示范园区，有冷棚种植、有露天种植，引进新品种、创新技术，在他示范带动下，周边十余个村庄也开始规模种植。按目前市场价 6 元/千克的平均价格计算，保守地说亩产 2 500 千克、销售收入就是 1.5 万元，除去所有生产成本，利润最少也在 1.2 万元/亩。贾高培对农户定期技术培训、帮助农民掌握了先进的技术，带动农户进入专业化、标准化、集约化生产，以此提高土地的利用率和收益率，有效增加农民收入。

二、扩大经营渠道，提高农民风险抵御能力

有经营才有收益，扩大营销渠道，就是降低生产风险。为此，贾高培带领农民积极创新创优产品品牌。目前，公司已注册拥有"甲乙百姓"和"熙民"2 个农产品商标，同时，公司多次组团参加大型产品展销活动，使公司产品畅销北京、上海、山东、安徽、广东等大中城市，建立了较为广阔的销售网络。农场还积极开展"农企对接"经营模式，先后与河北永创协农业科技有限公司、河北省家家缘超市、海尔乐家、河北坤西农业科技有限公司等企业对接，实现产品订单销售，不仅减少了公司运营成本，还降低了公司的市场风险，同时促进了公司的规模发展，在更大范围、更广领域内实现了劳动力、土地、资金和技术等生

产要素的优化配置。

三、注重利益联结，增强农民发展信心

如何破解传统农业收益低，如何实现当地农业稳步发展，如何提高农民种地的积极性，贾高培首先想到的是转变农民的传统思想，打造一批青年农民，将经济效益与社会效益捆绑嫁接到农民身上，让一些看得见、摸得着、拿得起、放得下的变化和实惠呈现在他们面前。公司+合作社联合社+农场+种植大户的模式运营，采用"统一供应农资、统一技术培训、统一标准化生产、统一品牌和包装、统一保护价收购"五统一服务联结农户。不仅保证了农户生产资料的及时供应，而且质量可靠，为农民成功种植提供了物质保障。公司聘请河北省农林科学院、河北农业大学、石家庄市农林科学研究院和河北市县农业知名专家作技术顾问，不定期举办农业技术培训会，较好地提升了农民综合技能。在贾高培的带领下，通过新品种引进改良、技术不断创新，在技术上现已形成自己的独特和特色，贾高培作为新型职业农民青年农场主带头人，将带领更多农民一起创新、创业奔小康。为食品安全做出贡献。

四、科普助农、带领农民致富

2020 年注册成为中国农学会科技志愿者，并担任中国农学会科技志愿者晋州分队副队长，8 月 25 日，中国农学会科普处处长冯桂真亲自为晋州分队授旗。在贾高培的带领下，团队技术服务、科普宣传，聘请河北省农林科学院褚凤杰老师为农民技术培训，晋州市人民医院妇产科主任、疼痛医院院长到公司为农民免费义诊并办理 CT 优惠卡。贾高培作为一名志愿者带头人，带领大家科普宣传，服务于农。

关于未来的发展，贾高培信心满怀，公司将继续肩负行业使

命，以生产健康、安全、绿色农产品为己任，带动农民增收为最终目标，依托基地优势，以电子商务为切入点，发掘休闲、旅游、文化、农家乐、科普助农、采摘园等人们喜闻乐见的新的经济增长点，努力延长产业链条和提高产品附加值，积极引导地方种植业向规模化、标准化、品牌化发展，为构建产业化、市场化、集团化的体系而努力！

案例3　一个带领农民共同致富的青年农场主

——记石家庄市农林科学研究院"现代青年农场主"培训班学员　　程晓辉

程晓辉，晋州市桃园镇西赵庄村农民。2013年开始返乡创业从事农业果树种植与销售工作，重点发展鲜食桃与皇冠梨产业，目前有果品基地600余亩。并与东北、上海、浙江大型连锁超市建立果品直采计划长期保持合作，使基地采购价大幅提升，实现农民增收。2017年注册石家庄腾江农副产品有限公司，并注册"如意牛"商标，"如意牛"品牌曾获得百姓放心食品的称号，"如意牛"品牌是真正的纯绿色有机食品并且获得各大一线城市连锁超市的认可和好评。2018年参加新型职业农民现代青年农场主培训，通过培训学习，感受到自己要有使命不忘初心砥砺前行，带领更多的农民朋友致富，为实现中华民族伟大复兴贡献自己的微薄之力。

程晓辉作为一个青年职业农民带头人，把培训学习中学到的技术、知识充分利用到实际中来并分享给大家。带动周边农民一起致富。在技术上刻苦钻研、勤奋学习、不断创新，不但使自己走上了勤劳致富的道路，带领周边农民在农业种植上走出了一条新型农业模式，使农民增效、增收。

程晓辉注重应用科学技术，选用、改良果树品种，改良、统一生产标准、科学管理，种植的黄冠梨长势理想、品种优良、商品率高。2018 年底，接受新型职业农民青年农场主培训启发，他又拓宽思路，增加土地流转面积达 600 亩，作为黄冠梨采摘示范园区。

程晓辉创新合作模式、建立与果农的利益联结机制，成立黄冠梨种植合作社，示范带动周边十余个村庄开始规模种植，形成黄冠梨和桃规模种植基地。

为使农民掌握了先进的果树种植技术，程晓辉与河北农业大学、石家庄果树研究所、石家庄市农林科学研究院、晋州市农牧局等科研院所和主管部门创立了定期技术培训机制，带动农户开展专业化、标准化、市场化果品生产，保证产品质量和商品性，以此提高土地的利用率和农民收入。程晓辉将带领更多的农民一起致富奔小康。

程晓辉作为一个青年农民带头人，把培训学习中学到的技术、知识充分利用到实际中来并分享给大家。带动周边农民一起致富。在技术上刻苦钻研、勤奋学习、不断创新，不但使自己走上了勤劳致富的道路，还带领周边农民在农业种植上走出了一条新型农业模式，使农民增效、增收。

程晓辉将带领更多的农民一起致富奔小康。

案例4　搭建科技桥梁，促进现代农业发展
——记石家庄市农林科学研究院"农业经理人"
培训班学员　　张金玉

河北省行唐县位于石家庄市西北部，区域内多山地与丘陵，主要产业以农业为主，大枣、甘薯、苹果、奶牛与蛋鸡养殖均有一定

的规模，产业从业人员较多。为促进行唐县农业产业发展和农业科技推广工作，在各级领导的关心和支持下成立了行唐县农村专业技术协会，协会会长张金玉2019年参加了石家庄市农林科学研究院承担的2019年农民素质教育"农业经理人"培训班的培训学习。

通过近半年的培训、研学、参观考察和跟踪学习，张金玉圆满地完成了培训学习任务，不仅及时、准确、深入地了解和掌握了国家的农业农村的最新政策，还很高兴地倾听到了相关领域专家领导的精彩授课，实地参观考察了高标准的、国际化的科研、展示示范基地，进一步拓宽了视野，更新了观念，对如何发展现代农业，创新农业经营管理模式，扎实推进美好乡村建设等方面有了更深的认识和理解。

一、加快设计行唐农产品品牌包装，开发特色农产品附加值

经过学习，认识到行唐县农产品应发挥行唐龙地红农产品区域公共品牌、包装品牌效应，才能促进行唐县农产品的生产和销售。行唐县大枣、甘薯、苹果、蛋鸡等种养植业已有一定的规模，充分发挥行业协会组织带动作用，利用行唐县丰富的资源和物产，依托国家乡村振兴战略，设计行唐龙地红农产品统一包装标识，制定行唐龙地红农产品包装统一使用规则，制定行唐龙地红农产品统一对外宣传口号，形成规模，打造几项特色农产品的品牌，才能真正实现助农增收。同时要加强行唐龙地红农产品市场体系建设，为行唐龙地红农产品流通做好一条龙服务，使行唐龙地红农产品做到家喻户晓。要大力发展行唐龙地红农产品精深加工、包装、储藏保鲜，提高产品档次，要加大农产品深加工基地建设，切实强化农业产业化经营，提高行唐农产品的附加值，帮助农民解除农业生产后顾之忧。

二、引进先进种养技术，大力发展行唐龙地红农产品生产基地

经过农业经理人培训班的学习和深入市场调研，认识到目前农产品市场同质化现象严重，要想打造行唐农产品品牌，必须先打造特色农产品品牌，以优质特色农产品赢得消费者的认可。在石家庄市农林科学研究院的帮助下，协会与中国功能食品产业联盟、河北农业大学、河北省农林科学院石家庄市果树研究所取得了联系，建立了行唐龙地红农产品生产基地。龙地红猪肉经过石家庄电视台节目宣传得到了市民的认可，特别是龙地红低胆固醇鸡蛋的实验示范，经过中国检验检疫科学研究院综合检测中心和河北冠卓检测科技股份有限公司2个权威部门的检测，龙地红鸡蛋胆固醇含量比普通鸡蛋胆固醇含量降低45%以上，龙地红低胆固醇鸡蛋达到了试验示范目的。为确保行唐龙地红农产品质量，协会又在中国功能食品产业联盟的大力支持下，总结前期试验示范数据制定了行唐龙地红农产品统一生产技术规则，协会基地经过严格执行农产品统一生产技术和操作规程，所生产的行唐龙地红大枣、龙地红小米也先后进行了有机农产品认证，并已取得有机农产品转换证书，为协会下一步打造特色农产品奠定了良好的基础。

三、积极参加各种农业展会，充分发挥农业经理人作用

经过学习，张金玉认识到"农业职业经理人"已经在农业生产经营领域悄然兴起。这群人不仅熟悉农业，并且懂经营、善经营，具有较高的职业素养，已经成为农业经营管理人才的重要组成部分，在农业经营管理中发挥着越来越重要的作用。为更好地发挥协会组织协调作用，协会将积极与政府加强联系，争取多

参加全国各地农业品牌推介展览会，利用展会认识结交更多的全国各地农业经理人，学习他们的成功经验，与他们互通有无，共同发展。积极组织行唐县所有农业经理人外出学习和参观，引进先进的农产品生产技术，学习更好的农产品营销技巧，以发展行唐龙地红特色农产品打造行唐县农产品公共品牌为契机，形成行唐县农产品区域公共品牌与企业品牌共发展的格局，以质量兴农品牌兴农为抓手促进行唐特色农业发展，致力于脱贫攻坚，进一步促进农民增产增收。

四、加快科技成果应用，保证产品质量

协会积极引导和强化会员"四个农业"意识，将绿色农业、科技农业放在首位，实施有机肥替代化肥，增施微生物菌肥。开展病虫害绿色防控、物理防控和生物防控，少用或不用化学农药。2019年在龙门村、任家庄村甘薯主产区带领群众使用金龟子绿僵菌、淡紫紫孢菌微生物杀虫剂杀灭蛴螬、线虫等地下害虫，从而使农民由以前使用高毒杀虫剂，逐步转为微生物杀虫，提高农产品品质，让人们吃得放心，吃得健康。由同质化农产品逐步打造为有机产品、功能产品，提高农产品市场竞争力和生产效益。2019年荣省三家科技工作者之家中其中一家。今后会逐步扩大规模，生产更多的有机及功能农产品，让人们吃得放心，把科技农业、绿色农业、品牌农业和质量农业之路走得更宽广。

案例5 "西瓜大王"的执着和坚守
——记石家庄市农林科学研究院"农业经理人"
培训班学员 韩国锋

认识韩国锋是一个偶然的机会，自2017年开始，石家庄市

农林科学研究院与北京市农林科学院蔬菜研究中心共建"蔬菜科技创新研究中心",开展"京石农业科技创新"项目合作。石家庄市属于蔬菜大市、京津及北方主要蔬菜基地,蔬菜种植面积常年稳定在240万亩左右,总产量1 300万吨,其中,全市瓜菜播种面积超过10万亩的品种有10个,分别是大白菜、菠菜、黄瓜、番茄、圆白菜、西瓜、茄子、白萝卜、大葱、菜豆,其总面积178万亩,占瓜菜总面积的73.3%,而西甜瓜主要集中在新乐市邯邰镇周围。2019年6月,为保证"京石合作"蔬菜新品种、新技术科技创新成果展示会议和2019年"河北省农民素质教育"培训项目的完成,作者慕名赶到了有"西瓜大王"美誉的新乐市邯邰镇小流村韩国锋家里走访调研。

韩国锋,男,1974年12月13日出生,河北省新乐市邯邰镇小流村人,专业种植西甜瓜20年,从一个普通的西瓜苗培育农民发展成了拥有一百多正式注册种植户的西瓜合作社主人。

2000年,只有初中毕业的韩国锋凭着敢想敢干成立了"国锋育苗科技示范基地",专业培育西瓜苗。凭借人实在,育苗质量高,很快打开销路,每年成功培育并销售西瓜苗的数量也直线上升。几年的时间,就从最开始的一年培育一万株,发展到一年成功培育并出售不同品质西瓜苗30多万株。然而,在享受这丰收的喜悦,准备大展拳脚的时候,一场突如其来的天灾,给我的家庭带来了巨大的打击。

2006年春节,一场大雪压坏了育苗棚,36万棵已经成功嫁接好并准备出售的西瓜苗全部冻死,损失惨重。彼时,赔得血本无归的韩国锋十分痛苦,却同时也看到了突如其来的天灾带给村里其他种植户的损失。一个人的力量太单薄,"农民朋友们必须要团结起来,形成更大的力量,才能挺直腰杆一起面对困难。"于是,韩国锋便联系了当时种瓜的农民,决定成立合作社,当时只有 8 位农民敢于跟着干。经过艰难筹备于 2007 年 8 月 23 日成功注册"新乐市国锋西瓜专业合作社"。凭着执着的信念，经过艰难的努力，韩国锋一步步地将合作社带入正轨，随着种植面积的扩大，产品规模效益逐步显现。

合作社的成立开启了新乐西瓜的大发展，统一种植，统一管理，统一销售，有效地降低了种植成本，为瓜农们普及了优质西瓜的种植方法，打通了西瓜的销售市场。现在的"国锋西瓜专业合作社"已经成为以小流村为圆心，覆盖周边 6 个村镇，拥有 100 多户注册种植户的大型农业合作社。

2008 年 11 月合作社被省政府评为"河北省农民合作社示范社"，得到了有关领导和农业专家的好评。在专家的指导下，种植管理技术上也不断提高，又成功推出西甜瓜"套种"模式以及秋季蔬菜"套种"模式，为农民增产增收找到了新的途径，进一步提高了农民收入。

2009 年 6 月新乐市国锋西瓜合作社又被河北省蔬菜行业协会评为"先进蔬菜专业合作社"，得到了管理部门的认可，韩国锋带领瓜农们勤劳致富的信心更足了，筹划着将西瓜的种植与旅游观光、生态采摘结合起来，探索一条扩大西甜瓜附加值之路，力争使西甜瓜大踏步发展。

2010 年 3 月韩国锋注册了"新益沙"商标，逐步开拓品牌西瓜的发展之路。通过策划一系列活动，"新益沙"西瓜品牌走进社区，得到广大市民朋友口口称赞。2014 年"新益沙"品牌被河北省工商管理局评为"河北省著名商标"，同年，新乐市国锋西瓜专业合作社被评为"国家级示范社"。为进一步扩大"新益沙"品牌西甜瓜的影响力，合作社在 2015—2018 年成功举办了四届"西瓜选美大赛"，荣登央视网、海外网等媒体的专版报道。

2012 年，韩国锋牵头成立了新乐市瓜菜协会。经过几年的完善和发展，协会多次被各级科协评为科普工作先进单位。2012年，被石家庄市科协评为"2012年石家庄市先进农村专业技术协会"；2013年被河北省科协命名为"河北省优秀农村专业技术协会"；河北电视台、石家庄电视台、《河北日报》《河北科技报》等媒体对协会的工作进行了报道。

2018年，河北省农技协以该协会为依托，成立了河北省农技协西甜瓜专业委员会，韩国锋当选为主任委员。

当我把2019年河北省农民素质教育项目"农业经理人"专业的培训班推介给韩国锋社长时，得到了韩国锋的大力支持，不仅本人积极报名参加，还主动推荐其他符合招生条件、参训意识强烈的社员参加培训，同时，对本次培训班的课程设置、培训师资的选择和参观考察、培训方法等内容提出了中肯的意见和建议。

培训过程中，韩国锋积极参加培训、认真学习与研讨，共同分享学习、创业、经营的经验和教训，为培训班的圆满举办做出模范带头作用。

在"农业经理人"培训实施过程中，在石家庄市农林科学研究院的大力支持下，国锋西瓜专业合作社联手有关单位成功举办"河北省首届西甜瓜选美大赛"，并在央视农业农村频道田间示范秀栏目专题报道55分钟。栏目展示了韩国锋带领瓜农们发家致富的全过程，从最开始种植普通西瓜，到种植甜瓜，再到如今4K西瓜和礼品小西瓜，每一个新品种的上市，都包含着多年来韩国锋的艰苦探索，也得到了乡亲们的认可，给予他"西瓜大王"荣誉称号。

案例6　把青春写在希望的大地上

——记石家庄市农林科学研究院"高素质农民"

培训班学员　　张亚青

近年来，越来越多的人选择到农村创业，这批"新农人"为农民脱贫致富树起一面带头旗。元氏县轩鑫农业生态园有限责任公司经理张亚青就是其中之一。说起来，她可是个"升级版"的农民，她主动放弃了优异的工作后就扎根农村，投身农业生产，黝黑的皮肤便是她在田地里奋斗的最好见证。

张亚青的家乡在石家庄市元氏县，父母都是地道的农民。小时候，听老师说国外的农业很发达，机械化操作，产量高、品质优。张亚青当时就暗暗地下定决心，将来做一个新型农民，让我们这一代人改变中国的农业。出生农村的张亚青，说话简单又质朴，透着对农业和土地浓厚的感情。

确定目标之后，开始了艰难的创业。2012年张亚青回到家乡创建了元氏县轩鑫农业生态园有限公司，在农忙季节，连续2个月每天休息时间不足5小时。在炎热的夏季，她的脸、脖子、胳膊都被晒蜕皮，因为被晒得太黑，被别人开玩笑说她是"打着灯笼也找不到"的好姑娘，家人更是心疼地说她"黑得反光了"。虽然创业艰苦，但丝毫没有动摇张亚青追求现代农业的心。到今天用了8年的时间，把当时的沙土地从单一种植小麦玉米变为了今天的现代农业精品园区，实现了蔬菜一年常绿，瓜果四季飘香。

"有技术，懂管理，对园区发展有着明确的思路，不像我们以前闷着头干"，大家都说张亚青带领农民闯出"新路子"。轩鑫生态园主打红心火龙果，从南方引进了火龙果，成功实现了南果北种，配套休闲垂钓、餐饮住宿、果蔬采摘等。在不以牺牲果蔬产量的前提下，适度调整种植模式，发展果蔬套种模式，她逐渐摸索出了一套适合自身发展的路子。

她和团队不断地试验，研发果蔬新品种。另外，精选了卖相好、口感好、产量高的果品和蔬菜，再加上轩鑫生态园的环境品牌优势，使其生产的果蔬能够迎合人们对高品质的追求，如今，经济效益和生态效益双提升。

2020 年新冠肺炎疫情期间，张亚青团队变线下销售为线上销售，通过微店销售农产品，微店销售收入已超百万元，不仅克服了突发疫情对企业的影响，还创新拓展了生产经营新模式。

"我觉得不应该仅仅满足于农业利润，应当做更有意义的事情，把党和国家对新时代新型农民的要求传递给新时代青年。"张亚青还积极引导带动身边的青年人扎根基层，投身农业。

创业之初，公司就将轩鑫生态园作为大学生创业孵化基地，先后承接了 15 位在校大学生创业孵化，接受新型职业农民培育 500 多人次，全力打造"产学研"成功合作典范。

公司实行"公司+基地+农户"的经营管理模式，带动周边农民脱贫致富 100 余人，其中女性村民约 70 人，为农村妇女在家门口就业提供了机会和平台，每人每年工资性收入 3 万元左右，为她们快速脱贫致富提供了保障。

多年来，张亚青和她的团队坚持在农业生产一线拼搏，创新经营模式，克服了诸多困难，为企业的发展壮大做了大量的工作，取得了令人瞩目的成绩，荣获河北省巾帼英雄荣誉称号，担任了元氏县妇联副主席一职。

她表示，在未来的道路上，会带着团队再接再厉，带动周边农户发展，更好地服务乡村振兴，助力产业扶贫"最后一公里"。

参 考 文 献

曹暕，2018. 农业创业你问我答［M］. 北京：中国科学技术出版社.

董建强，金海，曾令智，2019. 新型职业农民手册［M］. 北京：中国农业科学技术出版社.

黄军平，张熙青，于雷，2020. 农业企业经营与管理实务［M］. 北京：中国农业科学技术出版社.

刘畅，2020. 乡村振兴背景下农民工返乡创业研究［M］. 北京：中国农业出版社.

刘汉成，夏亚华，2019. 乡村振兴战略的理论与实践［M］. 北京：中国经济出版社.

彭飞龙，陆建锋，刘柱杰，2015. 新型职业农民素养标准与培育机制［M］. 杭州：浙江大学出版社.

唐建初，2018. 农村创业创新的基本模式与典型案例研究［M］. 长沙：湖南人民出版社.

王静，2010. 农村财务管理［M］. 北京：中国社会出版社.

杨文进，2015. 绿色生产［M］. 北京：中国环境出版社.